化学类应用型研究生培养机制研究

李顺兴 杨妙霞 等 著

科学出版社

北京

内 容 简 介

本书致力于探求地方高校研究生教育现实困境的破解之道，以化学类硕士研究生教育为基础，以闽南师范大学为例，以多学科融合为切入点，构建地方高校"校所企"协同培养体系，依据应用型这一人才定位，从培养目标、课程开发、教学及成效评价等方面展开对地方高校应用型硕士研究生培养体系进行系统分析与阐述。

本书适合地方高校从事化学及其交叉学科研究生培养的导师、研究生教育研究及管理的人员阅读使用。

图书在版编目(CIP)数据

化学类应用型研究生培养机制研究 / 李顺兴，杨妙霞等著. —北京：科学出版社，2019.11

ISBN 978-7-03-063096-4

Ⅰ.①化… Ⅱ.①李… ②杨… Ⅲ.①化学-研究生教育-研究
Ⅳ.①O6-4

中国版本图书馆 CIP 数据核字（2019）第 246720 号

责任编辑：贾 超 李丽娇 / 责任校对：杜子昂
责任印制：吴兆东 / 封面设计：东方人华

科 学 出 版 社 出版
北京东黄城根北街 16 号
邮政编码：100717
http://www.sciencep.com

北京虎彩文化传播有限公司 印刷
科学出版社发行 各地新华书店经销

*

2019 年 11 月第 一 版 开本：720×1000 1/16
2019 年 11 月第一次印刷 印张：8 1/2
字数：130 000

定价：88.00 元
（如有印装质量问题，我社负责调换）

序

地方高校是我国研究生教育的重要力量，是应用型高层次人才的重要供给端，但普遍存在封闭式、同质化办学，软硬件短板，培养与需求脱节，评价模式单一等问题。

闽南师范大学李顺兴教授率领项目组，自2007年以来，基于地方高校应用型硕士研究生培养定位，引入多学科融合理念，从培养目标、课程设置、教学模式、评价体系四个方面率先提出服务"地方行业发展与硕士研究生多样成长"双向需求的化学一级学科硕士研究生培养体系，在教育教学理论上有重大创新。历经10余年探索，率先构建集"区域经济社会发展与学生多样成长兼顾""培养单位与需求单位共同培养""校内与校外培养资源整合""理论研究与实践应用并举""专业素养与管理能力兼修"五项功能于一体的"地方高校'校所企'协同培养应用型研究生机制"，在教育教学改革实践中取得重大突破。

《化学类应用型研究生培养机制研究》对地方高校如何培养具有多学科交叉融合新特征、化学类的应用型硕士研究生具有重要参考价值，适宜地方高校从事化学等相关学科研究生培养的导师、化学研究生教育研究及管理的人员阅读。

中国科学院院士

2019年8月

前　言

化学是研究物质的组成、结构、性质和反应及物质转化的一门科学；是创造新分子和构建新物质的根本途径；是与其他学科密切交叉和相互渗透的中心科学；可从事原子、分子、分子聚集体及凝聚态体系的反应、过程与功能的多层次、多尺度研究，以及复杂化学体系的研究。化学学科注重微观与宏观相结合、静态与动态相结合、化学理论研究与发展实验方法和精准分析测试技术相结合，注重吸收其他学科的最新理论、技术和成果；可针对国民经济、社会发展、国家安全和可持续发展中提出的重大科学问题，在生物、材料、能源、信息、资源、环境和人类健康等领域，发挥化学学科的作用。化学学科相关产业发展也日趋受益于多学科交叉融合。因此，多学科融合是化学学科又好又快发展的必由之路，是化学一级学科研究生知识结构应有特征。

地方高校化学类应用型硕士人才培养应强调专业创新性、产业针对性、实践应用性、学生发展性。然而，长久以来，研究生教育遵循的却是经典学科的构建路径，即构建一个逻辑严密、凝聚力强、高度一致的理论体系，以此作为学科身份的标识。经调研，地方高校硕士研究生培养普遍存在封闭式、同质化办学，软硬件短板，培养与需求脱节，评价模式单一，多学科融合研究平台资源有限，多学科融合研究团队协作阻碍等问题。地方高校如何突破现实困境，培养适应新时期化学学科相关产业需求的应用型硕士人才，是目前面临的挑战，也是机遇。

本书将地方高校化学类硕士研究生教育与多学科融合理论相结合，以闽南师范大学为例，突出了地方高校应用型硕士研究生培养体系的构建与其现实困境、人才定位有机结合的特点，构建了地方高校"校所企"协同培养应用型硕士人才体系。本书共分为 7 章，分别为地方高校培养多学科融合化学类研究生的现实困境，地方高校培养硕士研究生的人才定位、培养目标、课程开发、教学模式、评价及成效，以及闽南师范大学化学类硕士研究生培养质量调查。

　　参加本书编写的主要成员有李顺兴、杨妙霞、李跃海、刘凤娇等。

　　本书为李顺兴教授率领项目组完成的教学成果的部分内容，该教学成果荣获2018年福建省第九届高等教育教学成果奖一等奖。

　　本书由"闽南师范大学学术著作出版专项经费"资助出版。

　　本书引用同行的研究成果，由于篇幅有限，未能一一列出，在此向原作者致以衷心的感谢。由于编者水平有限，书中不妥和疏漏之处在所难免，敬请各位同行与广大读者批评指正。

李顺兴

2019 年 8 月

目　　录

第1章 地方高校培养多学科融合化学类研究生的现实困境

1.1 当前社会发展背景

当前，国际环境错综复杂，世界经济正处于深度调整时期。全球范围内科技创新呈现出前所未有的发展态势，知识创新速度加快，科技变革加速推进的同时，并深度融合、广泛渗透到人类社会的各个方面，成为重塑世界格局、创造人类未来的主导力量。

1.1.1 当今世界科技发展十大新趋势

化学家、纳米科技专家白春礼院士认为（白春礼，2015），从宏观视角和战略层面看，当今世界科技发展正呈现以下十大新趋势。

（1）重大产业变革下，不断涌现的颠覆性技术，标志着社会生产力产生新飞跃。

（2）科技创新关注的重点方向为：以人为本、绿色健康、人工智能。

（3）"互联网+"科技的变革发展全面影响、改变人类生产生活方式。

（4）科技制高点向"深空、深海、深地、深蓝"拓进，使得国际竞争日趋激烈。

（5）一些基本科学问题有望取得重大突破的同时，前沿基础研究表现出宏观拓展、微观深入和极端条件方向交叉融合发展特性。

（6）全要素、多领域、高效益深度发展的国防科技创新正全速推进。

（7）科技合作转向国际化，且呈现向更高层次和更大范围发展发起挑战的趋势。

（8）科技创新活动注重研发生态化、社会化、大众化、网络化的创新项目。

（9）科技创新资源全球流动化，优秀科技人才成为竞争热点。

（10）全球科技创新格局将由以欧美为中心向北美、东亚、欧盟"三足鼎立"的方向发展。

1.1.2 化学多学科融合发展呈现的新活力

化学是与其他学科密切交叉和相互渗透的承上启下的中心学科。它的上游是数学、物理学这些研究对象简单而程度更深的学科，它的下游则是生命、材料、环境这类研究对象更加具体复杂的研究领域（姚建年，2014）。在现代科学体系中，化学的这种独特地位决定了它是与信息、生命、材料、环境、能源、地球、空间和核科学等与人类生存和社会发展相关的科学领域都有着密切联系、交叉和渗透的科学。上述世界科技发展新趋势中涉及化学学科发展的主要有化学与物理科学、材料科学和生命科学的交叉渗透，以及化学在解决能源、医药、环境保护与资源利用等领域基本问题中的新进展、新趋势。有关化学学科的研究趋势主要有以下五点（白春礼，2015）。

（1）能够创造新产品、新需求、新业态的颠覆性技术正在生物科技、清洁能源、新材料与先进制造等的孕育下催生，重大产业变革将为经济社会发展提供前所未有的驱动力；干细胞与再生医学、合成生物和"人造叶绿体"、纳米科技和量子点技术、石墨烯材料等应用技术，将推动经济格局和产业形态深刻调整，成为创新驱动发展和国家竞争力的关键所在。

（2）科技创新在医学上的应用，将人类治病模式带入个性化精准诊治和低成本普惠医疗的新阶段。诸如，基因测序、干细胞与再生医学、分子靶向治疗、远程医疗等技术的大规模应用，满足多样化需求增进人类福祉，展现超乎想象的神奇魅力。

（3）对生命活动规律的认识进入系统整体性、微观量子性阶段，开辟生命起源探索和生物进化研究的新途径，促使合成生物学技术进入快速发展阶段。

（4）在军事装备研发上，更多高效能、低成本、智能化、微小型、抗毁性武器将随着脑科学、认知技术、仿生技术、材料基因组、纳米技术、先进核能与动力技术等的重大突破催生而出，将颠覆性地提升国防科技水平。

（5）绿色新能源：太阳能、风能、地热能、氢能源和核聚变能等可再生能源开发、存储和应用技术得到了重大突破，提高了人类能源利用的有效性、环保性；事关全球人类安危的生态环境污染（全球气候变化、能源资源短缺、粮食和食品安全、大气海洋等）、重大自然灾害、传染性疾病疫情和贫困等一系列重要问题，科学家们正认清趋势，顺势而为，携手共同应对。

在上述世界科技发展新趋势中反映出多学科融合成为化学发展和进步的新活力，化学与相关学科的交叉渗透已经成为化学研究可持续发展的基石和创新的源头，也是化学研究和社会发展使然。进一步说，高层次创新型的优秀人才在社会发展和科技创新需求中的作用凸显，很多国家把研究生教育作为培养和吸引优秀人才的重要途径。我国研究生教育面临前所未有的发展机遇和挑战。

1.2　培养化学类硕士研究生人才的困境所在

目前，我国高等教育基本形成了中央部属高校、省部共建高校、地方高校"三驾马车"协调发展的局面。从隶属关系来看，中央部属高校是指国务院组成部门及其直属机构在全国范围内直属管理一批高等院校；省部共建高校全部是地方大学，但是由教育部与省级政府共同建设；地方所属高校是指隶属各省、自治区、直辖市、港澳特区，由地方行政部门划拨经费的普通高等学校，作为我国高等教育体系的主体部分，以服务区域经济社会发展为目标，着力为地方培养高素质人才（许吉洪和张乐天，2018）。据2017年统计，我国现有高等学校2879所，具备"大学"称谓省属本科院校（这里简称"地方高校"）占"大学"层次高校的69.58%，占据高等教育体系的主体地位，是硕士研究生培养的中坚力量。地方高校培养多学科融合化学类研究生的现实困境具体如下（李顺兴和杨妙霞，2017）。

1.2.1 发展需求存在特殊化

据调查，地方高校硕士研究生生源多来自调剂，硕士研究生报考意愿没有得到充分落实，学生个体发展意愿具有多变化、多样化特点，再加上地方高校培养资源在软、硬件建设还存在短板，因此突破传统培养模式，契合社会与个体双重需求，探索培养复合型、特色化硕士人才变得尤为迫切。

1.2.2 培养存在瓶颈

据调查，国内地方高校硕士研究生培养现状存在：①与社会、与学生二元需求脱节；②研究生培养资源短缺；③创新性与应用性特色不突出；④专业学位硕士研究生培养模式与学术学位硕士研究生绝对趋同或割裂，导致学术与职业、理论与实践不能真正融合；⑤地方高校大致沿袭重点大学硕士研究生教育模式，同质化倾向明显，办学特色不突出，缺乏核心竞争力；⑥学术学位与专业学位硕士研究生在培养效果上区分度不够，特别是单一主体的培养单位主要参照学术学位模式定位培养专业学位硕士研究生，导致其知识结构与社会行业脱节；⑦传统评价重理论轻应用、重成果轻转化，没有建立以高校、需求单位、学生三方为主体的评价体系。

1.2.3 培养多学科融合化学类研究生的现实困境

1. 多学科融合研究平台资源有限

研究平台是高校多学科融合建设的基本阵地，是学科间知识生产和知识创新体系的核心，承载着基础研究与应用研究的任务和功能，在推动学科整合与科学研究、解决重大国家和社会问题等方面发挥着不可替代的作用。

目前，地方高校建立的多学科融合研究平台主要以学院、系所、实验室等为背景。例如，化学化工与环境、材料科学与工程、环境科学与工程等老牌交叉学科，在大部分综合类、理工类高校中都设立有独立学院。具体的多学科融合培养主要体现在以本专业研究基础之上的交叉学科属性。指导教师受传统学术体系的影响，学术职业发展空间有限，具体的培养方式还是采用传统模式，学院和学科壁垒依旧明显，距离真正的多学科融合、复合型研究生培养还有很大的差距。

2. 多学科融合研究团队协作阻碍

研究团队是多学科融合建设的重要力量，是高端科研成果产出的首要保障。不同的学术共同体以知识分化为背景形成各自不同的学术体系、理论方法和思维方式等，科学研究项目的有效实施，需要不同学科背景、不同知识特性的科研人员通过不断地思想交流、相互启发，形成特有的研究方法，能够促使各学科内在地、本质地结合在一起，达到解决科学问题的目的。

当前，不同研究背景的科研人员整合程度不足、协作阻碍问题一直存在。主要表现为：研究团队中科研人员知识背景同质化、交流与合作方式单一。一方面，科研人员在学校接受的教育多为统一的专业教育模式，所学的学科知识多为本专业内知识、相互之间同质性较高，难以深度融合多学科之间的知识理论、科研方法等；另一方面，科研人员之间的交流与合作多在相近或相同学科，交流方式以正式的学术会议为主，平时的研讨交流少，与外校的开放式合作更少。

参 考 文 献

白春礼. 2015. 创造未来的科技发展新趋势. 中国科学院院刊, 30(4): 431-434

郭兴梅, 丹媛媛. 2017. 跨学科专业复合型研究生培养的运行机制探索. 科技视界, (28): 33, 35

黄巨臣. 2018. "双一流"背景下高校跨学科建设的动因、困境及对策. 当代教育科学, (6): 21-25

教育部. 2017-01-20. 教育部 国务院学位委员会关于印发《学位与研究生教育发展"十三五"规划》的通知. http://www.moe.gov.cn/srcsite/A22/s7065/201701/t20170120_295344.html

李辉作, 马源. 2018. 大学跨学科研究的驱动力及其阻碍因素分析. 黑龙江高教研究, 36(6): 57-61

李树苗, 吴晓曼. 2019. 人类发展重大问题的跨学科探索与实践. 北京工业大学学报（社会科学版）, 19(1): 8-17

李顺兴, 杨妙霞. 2017. 地方高校专业硕士协同培养模式探究. 中国大学教学, (3): 43-46

刘海涛. 2018. 高等学校跨学科专业设置：逻辑、困境与对策. 江苏高教, (2): 6-11

徐岚, 陶涛. 2018. 跨学科研究生教育培养模式创新——以能力和身份认同为核心. 厦门大学学报（哲学社会科学版）, (2): 65-74

许吉洪, 张乐天. 2018. 我国地方高校省部共建：过程、动力、特征与实质. 高等教育研究, 39(4): 35-38

姚建年. 2014. 促进学科交叉 推动化学发展. 科技导报, 32(12): 1

第2章 地方高校硕士研究生人才培养定位策略

2.1 地方高校培养硕士研究生的人才定位

应用型大学教育是伴随着高新技术的发展而产生的，其率先在一些发达国家和地区应运而生，是对我国高等学校分类方式的一种突破和创新，主要立足点在于为地方经济、管理、服务等领域培养一线应用型人才。要培养面向行业产业、以应用为本的创新人才需要具备多学科融合的实践能力。

本科教育是中国高等教育的基础。承担本科教育的院校中，地方本科院校约占本科院校的九成，是本科院校的主要组成部分，是我国高等教育的中坚力量。做好地方本科院校中的人才培养定位，即培养什么样的人才的问题，才能落实当今社会各项改革措施，确保我国建设创新型高等教育强国目标实现。经过学者们长期调研及研究发现，做强地方本科院校的核心在于造就大批应用型人才，才能有效提高人才培养质量，解决我国高等教育应用型创新人才不足的问题（潘懋元，2011）。

高等教育本科以上教育阶段分为本科层次、研究生层次，研究生层次又分为硕士研究生和博士研究生。研究生教育阶段主要以科学研究为主，在人才培养类型角度，需要讨论的问题是培养原始创新的学术研究人才，还是培养面向实际的应用型研究人才（包括博士层面），答案是两方面的人才都需要培养。在美国大学中，这两种人才培养的区别是非常清楚的。比如，医学博士是主要从事医学、生理、病理研究的，主要是在大学和医疗研究机构工作从事科研和教学的，不看病治病，不从事临床工作，而是从事理论和机理探索的；而医科博士是主要进行临床培养训练的，研究是面向患者和病例的，是诊断和操作的，是经验和实践的（吴绍春和张立新，2015）。可以看出，面向实际的应用型人才的培养是一个整体结构（图2-1）。

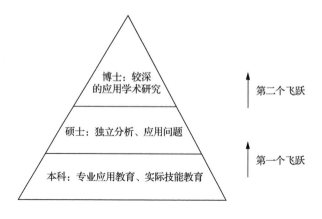

图 2-1　应用型人才培养结构模式

第一个层次：本科教育阶段属于基础层次（犹如宝塔的根基），是要求学生能结合理论知识与实践能力，根据经济社会发展需要，培养大批能够熟练运用知识、解决生产实际问题、适应社会多样化需求的应用型创新人才。

第二个层次：硕士教育阶段属于中间层次（犹如宝塔的塔身），对硕士研究生而言，主要指在自己所选的科研领域内进行专业探索，能够根据行业产业发展需求，运用多学科知识做到独立研究应用问题，具备独立思考、分析、解决问题的创新能力。

第三个层次：博士教育阶段属于最高层次（犹如宝塔的塔顶），对博士研究生来讲，主要指具备综合性、解决大型工程项目以及重大复杂工程技术问题的能力，对应用型研究项目有较深的学术研究及创造性应用。

综上所述，应用型人才的成长过程一般经历两个过程。第一，必须要把所学的专业的、创新型的知识经过抽象、整合转化为特定领域内高深的、高层次复合能力，以实现独立解决问题应用型人才培养结构的第一个飞跃；第二，必须要学会从学术角度精深地解释并解决更复杂的大型行业产业社会问题，以实现应用型人才培养结构的第二个飞跃。目前，国内少有应用型专业博士的提法，但实际上，随着社会的发展，我们需要培养大批专业应用型的博士，成为现代工程师、企业家、金融家、创业人才和各行各业的领军人物等。这里，我们主要讨论地方高校对化学类高层次应用型硕士人才的培养。

2.2　相关国家教育政策法规

研究生教育是培养高层次人才的主要途径,是国家创新体系的重要组成部分。1991 年,我国开始实行专业学位教育制度,招收具有一定专门职业经验的在职非全日制硕士研究生,初步探讨应用型硕士人才的培养。2010～2013 年,教育部组织开展了专业学位研究生教育综合改革试点工作,取得了良好效果。2013 年制定了《教育部　国家发展改革委　财政部关于深化研究生教育改革的意见》(教研〔2013〕1 号)和《教育部　人力资源与社会保障部关于深入推进专业学位研究生培养模式改革的意见》(教研〔2013〕3 号)等一系列文件来推动省级教育主管部门、部委属高等学校和专业学位研究生教育指导委员会进一步深化专业学位研究生教育综合改革。

2017 年,根据党中央的总体要求和国务院关于"十三五"规划编制工作的总体部署,为适应新时期经济社会发展对高层次人才的需要,全面提高学位与研究生教育质量,制定《学位与研究生教育发展"十三五"规划》。2018 年,教育部、财政部、国家发展改革委三部门根据《统筹推进世界一流大学和一流学科建设总体方案》和《统筹推进世界一流大学和一流学科建设实施办法(暂行)》,联合制定了《关于高等学校加快"双一流"建设的指导意见》。目的是深入贯彻落实党的十九大精神,加快"双一流"建设即一流大学和一流学科建设,实现高等教育内涵式发展,全面提高人才培养能力,提升我国高等教育整体水平。

同时,为确保实现"双一流"建设总体方案中确定的战略目标,我国实施了"六卓越一拔尖"计划 2.0,主要是要围绕党领导下的教育方针,加强高等教育内涵式发展建设,以中国特色世界一流为核心,落实立德树人根本任务,以建设高素质教师队伍、形成高水平人才培养体系为基础性工作,以体制机制创新为着力点,调动各种积极因素,在深化改革、服务需求、开放合作中加快发展,努力建成一批中国特色社会主义标杆大学。

以上国家教育政策文件中，对相关多学科融合培养应用型硕士研究生人才内容概述如下。

2.2.1　鼓励学科交叉融合协同培养研究生

高校建设要打破传统学科之间的壁垒，以服务需求为目标，以解决社会问题为导向，依据学科发展规律重构学校办学定位，处理好交叉学科与传统学科的关系，促进基础学科、应用学科交叉融合，在前沿和交叉学科领域培植新的学科生长点。

建设高校在研究生学科建设方面，要整合各类资源，以科研联合攻关为牵引，以创新人才培养模式为重点，依托科技创新平台、研究中心等，整合多学科人才团队资源，瞄准国家重大战略和学科前沿发展方向，将学术探索与服务国家地方需求紧密融合，加大对原创性、系统性、引领性研究的支持，着力提高关键领域原始创新、自主创新能力和建设性社会影响。

建设高校在学科交叉融合方面，着重围绕大物理科学、大社会科学为代表的基础学科，生命科学为代表的前沿学科，信息科学为代表的应用学科，组建交叉学科，促进哲学社会科学、自然科学、工程技术之间的交叉融合。

2.2.2　实现"服务需求"内涵式教育发展

1. 服务社会需求

服务社会需求是推动研究生学科建设的原动力。

在研究生招生方面，要适应国家战略、国家安全、国际组织等相关急需学科人才的培养要求，推进高层次人才供给侧结构性改革，适度扩大博士研究生规模，加快发展博士专业学位研究生教育。譬如，可以超前培养和储备哲学社会科学，特别是马克思主义理论、传承中华优秀传统文化等相关人才。同时，进一步完善以提高招生选拔质量为核心、科学公正的研究生招生选拔机制。

在研究生培养方面，研究生教育要主动对接当前国家和区域重大战略，优化不同层次研究生的培养结构，适应需求调整培养规模与培养目标，基本形成结构优化、满足需求、立足国内、各方资源充分参与的高素质高水平人才培养体系，加强各类教育形式、各类专项计划统筹管理，优化学科结构，完善以社会需求和学术贡献为导向的学科动态调整机制，实现研究生教育向服务需求、提高质量的内涵式发展转型。

总之，研究生教育要加强对各类社会需求的针对性研究、科学性预测和系统性把握，建立面向服务需求的资源集成调配机制，充分发挥各类资源的集聚效应和放大效应。努力建成具有国际影响力的亚太区域研究生教育中心，为建设研究生教育强国奠定更加坚实的基础。

2. 服务职业需求

服务职业需求是促进研究生教育内涵式发展的重要标志。

建立以职业需求为导向的研究生教育发展机制，要面向特定职业领域，培养适应专业岗位的综合素质，引导和鼓励行业企业全方位参与人才培养，形成产学结合的培养模式，满足各行各业对高层次应用型人才的需求。尤其鼓励和支持经济欠发达地区重点发展以专业学位为主的应用型研究生教育。

建立以提升职业能力为导向的专业学位研究生培养模式。积极探索硕士专业学位研究生教育与应用型本科和高等职业教育相衔接的办法，来完善专业学位研究生培养体系，拓展高层次技术技能人才成长的通道，继续推动专业学位教育与职业资格衔接。

研究生教育服务职业需求必须充分发挥行业和专业组织在培养标准制定、教学改革等方面的指导作用。通过建立联合培养基地，组建培养单位与行业企业相结合的专业化教师团队，强化专业学位研究生的实践能力和创业能力培养。

2.2.3　培养加强实践能力的应用型人才

1. 加强实践基地建设

建立与行业企业联合的、稳定的研究生培养实践基地，强化研究生实践能力，培养高层次应用型人才。

鼓励培养单位要依据特定学科背景和职业领域的任职资格要求，分类改革课程体系、教学方式、实践教学，加大行业企业及相关协会等社会力量参与研究生培养过程的力度，鼓励高校与行业优势企业联合招收培养一线科技研发人员，构建互利共赢的应用型人才产学合作培养新机制，支持建设一批研究生联合培养基地，强化研究生与职业相关的实践能力培养。

建立行业企业和专业组织参与联合培养研究生的分类评价体系，健全实践管理办法，加强实践考核评价，保证实践质量。培养单位应积极联合相关行（企）业，明确研究生实践内容和要求，注重在实践中培养研究生解决实际问题的意识和能力，将实践内容与课程教学、学位论文紧密结合在一起，共同建立健全实践基地管理体系和运行机制，明晰各方责任权利，促进研究生教育改革与职业技术岗位任职资格的有机衔接，推动我国研究生人才与国际职业资格认证标准的有效衔接。

2. 强化学位论文应用导向

学位论文既有解决实际问题的应用性研究，又有专业性较强的理论研究，是衡量硕士研究生在研究生阶段学习、研究能力与水平的核心指标。研究生学位论文是反映研究生掌握研究前沿、科技信息、应用学术动态的重要信息资源。

研究生教育综合改革，要加快建立科教融合、产学结合的研究生培养机制，着力改进研究生培养体系，提升研究生创新能力。推进课程改革、教学、科研的一体化设计，改革应用型硕士研究生培养方式。学位论文选题应来源于应用课题或现实问题，要有明确的职业背景和行业应用价值。在学位论文评阅时，学位论文评阅人和答辩委员会成员中，应有不少于三分之一的相关行业具有高级职称（或相当水平）的专家。

研究生教育要进一步明确不同学位层次的培养要求，大力培养高精尖急缺人才，多方集成教育资源，制定多学科融合人才培养方案，探索建立政治过硬、行业急需、能力突出的高层次复合型人才培养新机制。应用型硕士研究生学位论文应能反映研究生综合运用知识技能解决实际问题的能力和水平，坚持因材施教、循序渐进、教学相长的培养原则，可将研究报告、规划设计、产品开发、案例分析、管理方案、发明专利、文学艺术作品等作为主要内容呈现在论文中，将创新创业能力和实践能力融入培养体系。

2.2.4　加强研究生创新能力培养

1. 健全完善研究生培养与科学研究相结合的培养机制

强化问题导向的学术训练，围绕国际学术前沿、国家重大需求和基础研究，着力提高研究生的原始创新能力。培养单位根据学科特点和培养条件，实行弹性化培养管理，合理确定培养年限。鼓励跨学科、跨机构的研究生协同培养，紧密结合国家重大科学工程或研究计划设立联合培养项目。继续支持培养单位与国际高水平大学和研究机构联合培养研究生。鼓励学校设立科研基金，资助研究生独立选定前沿课题开展科学研究。支持研究生参加形式多样的高水平学术交流。

2. 完善以提高创新能力为目标的学术学位研究生培养模式

统筹安排硕士和博士培养阶段，促进课程学习和科学研究的有机结合，深化教育教学改革，强化创新能力培养，探索形成各具特色的培养模式。

主张研究生通过参与前沿性、高水平的科研项目，来提高自身系统科研能力；鼓励在高水平的、多学科交叉融合的科学研究中，培养高质量的研究生人才；支持研究生更多地参与学术交流和国际合作，拓宽学术视野，激发创新思维。

3. 构筑拔尖创新人才培养高地

将研究生培养与经济社会发展需求紧密结合，培养和引进一批活跃在国际学术前沿、满足国家战略需求的一流科学家、学科领军人物和创新团队；加大博士研究生培养力度，着力培养各类创新型、应用型、复合型优秀人才；结合颠覆性技术创新和国家实验室、国家技术创新中心建设，促进高校人才培养、科学研究、学科建设与产业发展良性互动，形成具有示范作用的拔尖创新人才培养模式。

2.2.5 突出学科优势与特色培养人才

1. 培育特色化学科群

学科建设的重点在于尊重规律、构建体系、强化优势、突出特色，整合各类资源，加大对原创性、系统性、引领性研究的支持，加强学科协同交叉融合的学科建设，围绕重大项目和重大研究问题组建学科群，主干学科引领发展方向，发挥凝聚辐射作用，各学科紧密联系、协同创新，避免简单地"搞平衡、铺摊子、拉郎配"。

2. 提升特色化学科优势

瞄准国家重大战略和学科前沿发展方向，以服务需求为目标，以问题为导向，围绕国家和区域发展战略，在凝练学科重大发展问题的基础上，加强对关键共性技术、前沿引领技术、现代工程技术、颠覆性技术、重大理论和实践问题的有组织攻关创新，立足解决重大理论、实践问题，实现前瞻性基础研究、引领性原创成果和建设性社会影响的重大突破，打造具有中国特色的学科新高峰。

3. 增强学科创新能力国际化

积极参与、牵头国际大科学计划和大科学工程，研究和解决全球性、区域性重大问题，在更多前沿领域引领科学方向。在组建国内前列、有一定国际影响力学科的同时，围绕主干领域方向，强化特色，加快培育国际领军人才和团队，实现重大突破，抢占未来制高点，率先冲击和引领世界一流。

将学术探索与服务国家需求紧密融合，着力提高关键领域原始创新、自主创新能力和建设性社会影响。加强重大科技项目的培育和组织，积极承担国家重点、重大科技计划任务，在国家和地方重大科技攻关项目中发挥积极作用，不断提升国际影响力和话语权。

参 考 文 献

国务院. 2015-10-24. 国务院关于印发统筹推进世界一流大学和一流学科建设总体方案的通知.
　　http://www.gov.cn/zhengce/content/2015-11/05/content_10269.htm

教育部, 财政部, 国家发展改革委. 2017-01-25. 教育部 财政部 国家发展改革委关于印发《统
　　筹推进世界一流大学和一流学科建设实施办法（暂行）》的通知. http://www.moe.gov.cn/srcsite/
　　A22/ moe_843/201701/t20170125_295701.html

教育部, 财政部, 国家发展改革委. 2018-08-20. 教育部 财政部 国家发展改革委印发《关于高
　　等学校加快"双一流"建设的指导意见》的通知. http://www.moe.gov.cn/srcsite/A22/moe_843/
　　201808/t20180823_345987.html

教育部, 国家发展改革委, 财政部. 2013-04-19. 教育部 国家发展改革委 财政部关于深化研究
　　生教育改革的意见. http://www.moe.gov.cn/srcsite/A22/s7065/201304/t20130419_154118.html

教育部, 国务院学位委员会. 2017-01-20. 教育部 国务院学位委员会关于印发《学位与研究生教
　　育发展"十三五"规划》的通知. http://www.moe.gov.cn/srcsite/A22/s7065/201701/t20170120_
　　295344.html

教育部, 人力资源社会保障部. 2013-11-13. 教育部 人力资源社会保障部关于深入推进专业学位研
　　究生培养模式改革的意见. http://www.moe.gov.cn/srcsite/A22/moe_826/201311/t20131113_
　　159870.html

教育部. 2015-05-11. 教育部关于加强专业学位研究生案例教学和联合培养基地建设的意见.
　　http://www.moe.gov.cn/srcsite/A22/moe_826/201505/t20150511_189480.html

教育部. 2019-04-29. 介绍"六卓越一拔尖"计划 2.0 有关情况. http://www.moe.gov.cn/fbh/live/
　　2019/50601/twwd/201904/t20190429_380086.html

潘懋元. 2011. 应用型大学人才培养的理论与实践. 厦门: 厦门大学出版社

饶志明, 林珩. 2011. 化学教学论与微格教学. 厦门: 厦门大学出版社

吴绍春, 张立新. 2015. 研究型大学的研究型教学: 理念与实践. 哈尔滨: 哈尔滨工业大学出版社

第3章 地方高校培养化学类硕士研究生人才的培养目标

研究生教育是我国地方高校争创双一流建设的有效途径和重要载体。优质的应用型创新人才是衡量地方高校硕士研究生教育服务社会、满足人才发展双向需求培养体系的基本指标。

培养目标问题既是一个老问题，又是一种新挑战；既是理论层面的研究和思考，又是实施和培养中的实践和落实。应用型硕士研究生人才培养目标是一个体系，既要遵循《中华人民共和国高等教育法》（下称《高等教育法》）和相关学科教学指导委员会的基本要求，又要符合学校整体人才培养定位并体现学校与学科特色。人才培养目标是对把人塑造成什么样的人的一种预期和规定，体现着一系列思想观念，它规定着教育活动的性质和方向，且贯穿于整个教育活动过程的始终，是教育活动的起点又是归宿。影响人才培养效果和质量的因素很多，而培养目标是一个具体和现实的问题。人们普遍认为人才培养目标是一个体系，由不同层次的培养目标组成。

不同学者对人才培养目标体系作出了不同的层次划分。我们借鉴潘懋元学者对人才培养目标体系的层次划分，即从国家层面、学校层面与学科层面三个角度来构建化学类应用型硕士研究生人才培养目标体系（潘懋元，2011）。国家层面的人才培养目标，是国家在宏观层面对高等学校人才培养目标的基本规定；学校层面的人才培养目标，是在遵循国家层面人才培养目标的基础上，不同类型、不同层次的高校根据学校自身的办学定位、办学特色和办学条件，对学校所要培养人才的比较具体的规定；学科层面的人才培养目标，是学校人才培养目标在学科层面的具体落实，最能直接指导人才培养活动。

3.1　国　家　层　面

国家层面人才培养目标主要通过《高等教育法》和《中华人民共和国学位条例》来规定（国务院，1981；教育部，2015）。

《高等教育法》第一章总则中第三条、第四条、第五条规定："国家坚持以马克思列宁主义、毛泽东思想、邓小平理论为指导，遵循宪法确定的基本原则，发展社会主义的高等教育事业；高等教育必须贯彻国家的教育方针，为社会主义现代化建设服务，为人民服务，与生产劳动和社会实践相结合，使受教育者成为德、智、体、美等方面全面发展的社会主义建设者和接班人；高等教育的任务是培养具有社会责任感、创新精神和实践能力的高级专门人才，发展科学技术文化，促进社会主义现代化建设。"

《高等教育法》第二章高等教育基本制度第十六条规定："高等学历教育分为专科教育、本科教育和研究生教育。高等学历教育应当符合下列学业标准：……（三）硕士研究生教育应当使学生掌握本学科坚实的基础理论、系统的专业知识，掌握相应的技能、方法和相关知识，具有从事本专业实际工作和科学研究工作的能力。博士研究生教育应当使学生掌握本学科坚实宽广的基础理论、系统深入的学科知识、相应的技能和方法，具有独立从事本学科创造性科学研究工作和实际工作的能力。"

按照《中华人民共和国学位条例》的规定，我国实施三级学位制度，学位分为学士、硕士、博士三级。我国的学位分级与高等教育的不同阶段相联系。学士学位，由国务院授权的高等学校授予；硕士学位、博士学位，由国务院授权的高等学校和科学研究机构授予。《中华人民共和国学位条例》对各级学位的授予标准作出了明确的规定，分别具体规定了各级学位获得者应具备的学术水平。

根据《中华人民共和国学位条例》的有关规定，各级学位的授予标准如图 3-1所示。

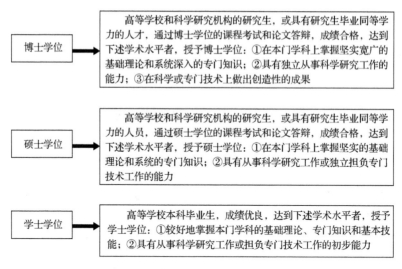

图 3-1　国家规定的各级学位授予标准

以上说明，不管是什么类型的高等教育，也不管是什么层次的高等教育，只要举办高等教育，它所培养的人才就必须达到以上最基本的标准，这是高等教育在人才培养目标方面的共性要求，也是基本规定，是不同类型不同层次的人才培养都应该遵循和达到的基本要求。

3.2　学　校　层　面

随着高校办学自主权的扩大，学校层面的人才培养目标完全可以由高校自身来确定。从高校所培养的人才来看，基本上可以分为学术型人才、应用型人才与技能型人才三种，研究生教育的培养目标分为学术研究型和实用研究型，是符合人才培养规律的，也是符合社会发展需求的，高校首先应该确定学校主要培养哪一类人才，然后再根据学校的办学特色，进一步细化学校人才培养目标。

借鉴马克思的《资本论》对"商品"范畴的分析与规定，研究对象应是奠定其他范畴的基石和轴心价值的中心范畴，同时能够以"直接存在"形态承担一定的社会关系。即"商品"这一范畴，除反映其效用价值外，同时也能反映商品交换的社会价值，两种价值属性天然并存，缺一不可。同理，根据前述分析，地方高校硕士研究生培养应定位为应用研究生教育。

专业性应用教育代表了地方高校的根本属性和本质特点。具体体现为以下几方面特征（潘懋元和车如山，2010）。

3.2.1　以行业区域经济发展为主导

行业指向性是地方高校服务面向的主要特征，也是地方高校办出特色的根本途径。地方高校大多具有行业办学的传承优势，隶属地方管理后，其办学的空间区位性或地方适应性得以强化，地方高校硕士研究生教育主要职能是紧密结合地方社会经济发展特性和行业需求来确定应用型学科研究方向，充分适应地方行业经济增长方式转变和产业结构调整优化的需要；围绕区域经济和社会发展的需求，使其培养的人才与地方社会经济发展相适应，实现高等教育与地方优势行业和支柱产业的协调发展。为地方经济建设与社会发展培养大批"下得去、留得住、用得上"的高层次应用型创新人才。

地方高校在进行人才培养、科学研究、社会服务等活动时所涵盖的地理区域或行业范围主要有：①定位于所在的省（自治区、直辖市）。由于地方高校在管理体制上属于所在的省（自治区、直辖市），招生上也以省内招收为主，学生毕业后多数留在省内就业。因此，地方高校在研究生人才培养的区域定位上可以立足所在的省。②定位于所在的地级市。地方高校依托地缘优势，既要立足地方，着眼行业，在更合理的区位行业性背景内，强调学科研究布局适应行业特征，建立行业指向性明显的需求驱动型的发展模式。③定位于高校所在的大区域。大区域是指我国的六大行政区：东北、华北、华东、中南、西南、西北。这种行政区划分已经超出了省（自治区、直辖市）的范围，扩大到周边的省（自治区、直辖市）。地方高校定位于所在的大区域培养硕士研究生人才，可以拓展特色办学的广阔发展空间，科技服务适应行业功能，增强对地方经济社会发展的辐射力和贡献率，因地制宜地实现地方高校与区位经济社会的协调发展，形成与本地区的行业、科技和社会文化协调发展的机制。

世界各国高校的办学实践表明，地方高校只有融入行业要素和标准，切实加大行业参与的强度和深度，其发展才会有生命力。澳大利亚高等教育在国际上享有很高的声誉，而且又以应用型人才培养见长。澳大利亚应用型大学的核心特征是大学、行业和学生三方之间创建了共赢的合作伙伴关系，课程体系采用基于行业的学习，其主要目的是给学生提供在企业工作的机会，熟悉职场环境，并有利于学生规划个人的职业生涯设计和个人发展计划，使大学在学术研究、学科建设、课程改革和学生就业等诸多方面具有良好的外部环境与发展条件。在当今法国高等教育中，"大学校"与行业日趋密切的联系，主要通过毕业论文和生产实习的学程模式延伸专业教育链，加强与行业和企业界的渗透与融合，形成独特的高等教育特色。德国高等专业学院也十分注重行业企业主导整个实践教学过程，行业始终参与整个人才培养过程，主要通过课程设置、毕业论文等与当地的人文、地理、行业结构密切联系。德国高等专业学院大多设在中小城市及偏远地区，如在大众汽车集团公司总部所在地沃尔夫斯堡（Wolfsburg）开设汽车高等专业学院，在河海港口城市开办航运、船舶制造高等专业学院。

3.2.2　定性为应用型

应用型硕士研究生教育之所以能成为地方高校培养人才的主流选择，关键在于社会需要培养一类有别于以往的新的人才。以工程师的培养为例，传统教育是以培养设计工程师为主，工程实施中现场技术指导、工艺设计方面的工程技术人员，而随着科技及现代服务业的快速发展，现代企业又要求出现复合型、创新型的现场工程师。这就需要培养能面向实际的应用型研究人才。科学研究有两大类，一是基础研究，二是应用研究。基础研究培养的研究生主要从事原始创新、理论创新的研究工作，是传统意义上的研究人才、学术人才，而应用研究中培养的人才主要是进行集成创新，是面对工程、技术和现实问题的解决和创新。

在高等教育多样化和大众化的背景下，出于地方高校在高等教育体系中异质化发展的思考,应用型研究生教育等概念应运而生。地方高校应用型硕士研究生的培养目标主要是培养综合性解决问题的能力,如高级系统的识别能力,对工程项目的综合理解分析能力,对工程项目的计划、监督和管理能力,参与调研和具体解决多学科交叉问题和现实现场的重大复杂的工程技术问题的能力等,其论文的评价标准主要看其能否创造性地运用科学和工程的技术方法解决所要求的重大问题,或者是形成重大问题或项目的解决方案,还有许多是专利产品开发和理论在工程实践方面的创造性应用(吴绍春和张立新,2015)。

以地方高校闽南师范大学为例,该校地处福建省漳州市。2003 年被国务院学位委员会增列为硕士学位授予权单位,具有硕士学位授予权,建立了 4 个一级学科硕士授予点,30 个二级学科硕士点,5 个硕士专业学位授权点,4 个博士人才培养方向。学校坚持以本科教育为主体,积极发展研究生教育,学校坚持学术兴校战略,以提升科研创新和社会服务为目标,学校始终坚持科学研究为地方经济建设服务,重视高新技术与应用开发研究,以协同创新为导向,以省校两级创新平台建设为抓手,实施校企、校地、校所、校校合作,促进产学研用一体化,推动区域经济发展。闽南师范大学利用学校技术、人才和资源的优势,与地方企业开展技术研发、技术转让、技术咨询、技术服务,为地方经济社会和文化发展做贡献。

当前,学校正高举中国特色社会主义伟大旗帜,遵循高等教育发展规律,围绕立德树人根本任务,服务国家战略需求,全面提升人才培养、科学研究、社会服务、文化传承创新、国际交流合作的整体水平,努力建设成为特色鲜明、多学科融合发展的高水平师范大学,为加快建设新福建做出新贡献(闽南师范大学,2019)。

3.2.3 定格为实践性

实践性特征体现在地方高校培养硕士研究生的全过程之中,这是由这类教育的本质内涵和核心价值属性所决定的。实践性教学是应用型人才培养工作不可偏废的重要组成部分。地方高校要承担以培养创新精神和实践能力为重点的应用型高级创新人才的教育任务，加强实践性教学、研究是其主要载体或途径。地方高校视域下的硕士人才培养体系包括理论研究、实践研究和能力拓展三大体系，从实施功能和实施重心角度来讲，强调实践性研究、培养"基础扎实、学以致用"的专业性人才是共同元素和关键取向。

地方高校要有效培养硕士研究生的实践能力，重要途径是突出产学研合作教育。产学研合作教育中"产"主要指应用知识，"学"主要是传承知识，"研"主要指创新知识。三者本质上都是知识运行的活动形式，存在相互依存的关系和内在本质联系。潘懋元学者认为，产学研合作教育是高等教育的方针政策以及现代社会发展普遍规律的重要体现，是培养应用型人才、提高教育质量的重要途径。德国是研究型大学的发源地。德国传统大学强调纯学术性，但德国当前的高等教育特别强调实践、应用和产学研合作。德国应用科学大学的办学特点是：定位为企业第一线培养高级应用型人才，即理论知识和实践能力兼具的创新型人才。德国职业教育的"双元制"是一种典型培养模式，以培养专业技术工人为培养目标，即学生在企业里接受职业技能和部分时间在职业学校里接受专业理论和普通文化知识的教育形式。它是将企业与学校、理论知识和实践技能教育紧密结合起来的职业教育制度。地方高校应用型硕士研究生培养可以借鉴"双元制"校企合作的模式，建设"双元制"的开展技术攻关和科研开发项目的校企合作学科平台，学校与企业根据社会行业发展的现状和趋势共同制定应用型人才的培养目标。

总之，地方高校将应用型硕士研究生人才培养计划与行业企业的用人评价标准结合起来，发挥产学研结合教育在实践性教学中的主导性作用，以合作教育为切入点，以应用型人才培养为根本点，一方面有针对性地培养与行业企业融会贯通极富实践创新能力的应用型人才；另一方面更便捷地为企业提供科技服务，发挥校企各自优势，实现校企资源共享和双赢目标。

3.2.4　定型为多学科融合创新性

随着当今社会发展的需要，学科之间的交叉融合研究已经迫在眉睫，跨学科的"交叉学科"逐渐引起社会各界的重视。在学科综合化发展历程中，综合化趋势不仅表现在自然科学内部，也体现在自然科学与社会科学不断融合的发生过程。跨学科形成"交叉学科"主要有三种模式（母小勇，2017）：一是"适应模式"，即为了适应文化发展，形成交叉学科；二是"前沿模式"，即依据学术前沿发展要求，形成新的交叉学科；三是"问题模式"，即依据人们关注的综合性问题，形成新的交叉学科。

地方高校依据地区经济发展，培养多学科融合的创新人才是高等教育改革与发展的必然选择。高等学校基于学科分类和社会职业分工来培养各类高级专门人才，专业型教育代表了应用型教育的根本属性和本质特点。美国社区学院开设的学科往往与本地区的特殊需要、历史、文化特色有密切关系，主要目标是为地方服务，社区需要什么人才，学院就开设相应的学科，以重点学科、特色学科为支撑，建立社会适应性强，结构合理，协调发展的学科群体系，按照优势突出、特色鲜明、新兴交叉、社会急需的原则，采取促进学科的交叉融合的方式，形成新的增长点，培养具备创造性思维、创造性人格、个性化的知识结构、独特的人生体验、科学精神与人文情怀的优质创新人才。例如，美国密歇根西南联合大学地处密歇根湖区，学校围绕着以培养应用型人才为主，在专业设置上，设立了游艇制造专业、护理专业、水产养殖专业、小型飞机驾驶专业等直接针对地区经济技术开发和创新，为湖区培训应用型人才。

因此，为了能够顺应社会发展的需要，能够有效地解决国家所提出的政策问题以及社会中存在的现实问题，地方高校必须打破学科、专业壁垒，在跨学科交往实践的基础上，遵循"重交叉、有特色、可应用"的原则，互相借鉴、彼此交流和共同繁荣，将两个或多个学科有机结合在一起，形成跨学科研究，实现多学科融合专业文化创新（潘懋元，2011）。

培养单位要加强不同学科之间的交叉和融合，密切关注市场经济规律发展过程中的热点问题，改变原有教学内容划分过细的状况，使教学、研究内容与地方经济建设的需要有机地结合起来，能够反映科技与学科发展的前沿，促进不同学科的渗透与交融，拓宽硕士研究生的知识视野，培养他们的创新意识、创新能力和社会责任感，突出硕士研究生的知识应用能力与创新实践能力的培养。

3.3　学科层面

目前，学科是高校研究生人才培养的基本载体，学校确定了具体的人才培养目标之后，必须将其落实到每一个学科当中。学科培养目标首先要符合所在院校的整体人才培养目标定位。事实上，同一个学科在不同类型院校（如研究型大学、应用型本科院校）中的人才培养目标是不同的。同一个学科，不同的学位类型，人才培养目标也是不同的。

3.3.1　化学类学科人才培养规范

进入 21 世纪以来，在高等教育规模发展实现了历史性跨越以后，我国高等教育开始转入"稳定规模、提高质量、深化改革、优化结构、突出特色、内涵发展"的阶段。教育部针对新的形势，2007 年要求理工科各教学指导委员会按照《国家中长期科学和技术发展规划纲要（2006—2020 年）》的要求并结合各专业教学改革的成果，研制各专业的指导性专业规范。"化学类专业指导性专业规范"就是在该背景下产生的。其中，该规范是对相关专业教学的基本要求，主要规定本科学生应该学习的基本理论、基本技能和基本应用。该规范是最低要求，是底线和门槛，是一个刚性的要求，达不到就不合格。化学类研究生教育是该规范下对思想、方法等的进一步深化、延伸。

"化学类专业指导性专业规范"中规定化学类专业人才培养目标为：化学类专业培养热爱祖国，具有高度的社会责任感和良好的科学、文化素养，富有创新意识、实践能力，较系统地掌握化学基本知识、基本理论和基本技能，能胜任化学及相关领域科研、教学及其他工作的人才（郑兰荪，2011）。

3.3.2　化学类硕士研究生人才的培养目标

以闽南师范大学化学类硕士点为例，在欧洲"博洛尼亚进程"中整合教育资源、共同合作办学教育思想的启发下，我们事先通过系统的市场调研，分析岗位对人才理论知识、技术能力、科学素养等方面的要求，将学科知识链与市场产业链、需求创新链对接，再规划评估自身学校资源的现实条件，如何有力支持区域性重点经济产业和战略性新兴产业发展需要，并且还能以生为本，注重学生个体需求发展多样化。最后，确定出由国家级科研院所、地方高校、地方企业三方共建、共培硕士研究生人才的大框架，实现根据学校资源培养人才向根据社会需求培养人才的转变。

具体来讲，石油化工等福建省战略性新兴产业发展急需应用型化学类硕士研究生。闽南师范大学化学类硕士点，在权衡硕士研究生基本为应届本科毕业生、社会需求变化、专业学位研究生重实际工作、学术学位研究生重教学科研岗位等现状，审视自身培养资源短板，探讨培养模式变革，基于"地方行业发展需求与学生多样成长双向适应性"视野优化培养体系，于 2007 年与漳州市环境监测站站长团队合作培养化学类应用型硕士研究生，建立校企（事业）合作模式，在此基础上又于 2011 年与国家级高水平科研院所合作联合培养硕士研究生，建立以地方高校与国家级科研院所或重点大学、企事业单位（简称"校所企"）三方协同培养化学类应用型硕士研究生理论与实践体系。得出闽南师范大学化学一级学科硕士点"校所企"协同培养应用型人才，既能在本学科领域独立从事高层次技术研发与管理工作，又能攻读博士研究生，还能充任专业与学术学位硕士研究生沟通合作的桥梁。最后，通过"校所企"协同培养，实现五项功能（图3-2）。

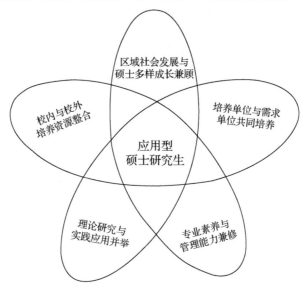

图3-2　地方高校应用型硕士研究生"校所企"协同培养体系五项功能

参 考 文 献

国务院. 1981. 中华人民共和国学位条例暂行实施办法. http://www.ccps.gov.cn/bmpd/yjsy2/xwgl/gzzd/201902/t20190213_129407.shtml

韩建秋, 王超华. 2018. "跨学科融合"生态专业创新型人才培养模式的研究与实践. 教育现代化, 5(4): 33-34

教育部. 2015. 中华人民共和国学位条例. http://www.moe.gov.cn/s78/A02/zfs__left/s5911/moe_619/tnull.1315.html

李芳, 翟娜. 2018. 跨学科复合型专业人才培养研究. 合肥师范学院学报, 36(1): 92-97

李强, 季更生, 曹喜涛, 等. 2018. 跨学科专业硕士研究生创新能力培养案例分析. 轻工科技, 34(2): 143-144

闽南师范大学. 2019. http://www.mnnu.edu.cn/xxgk/xxjj1.htm

母小勇. 2017. 意义建构视野中的大学文化创新与知识探究. 苏州大学学报（教育科学版）, (2): 67

潘懋元, 车如山. 2016. 做强地方本科院校的理论与实践研究. 北京: 高等教育出版社

潘懋元. 2011. 应用型大学人才培养的理论与实践. 厦门: 厦门大学出版社

孙建京. 2010. 应用型大学学科专业建设与人才培养模式研究. 北京: 中央文献出版社

吴绍春, 张立新. 2015. 研究型大学的研究型教学: 理念与实践. 哈尔滨: 哈尔滨工业大学出版社

新华网. 2015-12-28. 中华人民共和国高等教育法（全文）. http://www.chinanews.com/gn/2015/
　　12-28/7690105.shtml

郑兰荪. 2011. "化学类专业指导性专业规范" 的研制. 中国大学教学, (5): 9-10

中国学位与研究生教育信息网. 2019-09-06. 学位博览. https://www.cdgdc.edu.cn/xwyyjsjyxx/xwbl/
　　cdsy/260647.shtml

第4章 地方高校培养化学类硕士研究生人才的课程开发

美国学者伯顿·克拉克通过对多国高等教育系统的研究提出了"三角协调模式"，即认为高等教育发展主要受政府、市场及学术权威三种力量的整合影响。政府、市场及学术权威三者之间的关系是动态变化的，随着高等教育的发展、社会的需求以及时代思想的变化而变化。当今社会，国际市场竞争日益激烈，市场力量不可避免成为高等教育最主要的力量之一，要满足市场的多样化需求，高等教育就需要与行业企业的需求对接，即培养关注社会发展和学生成长双向需求的应用型人才。在我国，作为中坚力量的地方高校担负着培养应用型人才的重任。其中，研究生教育是培养高层次应用型人才的重要途径。

课程设置是体现学位和研究生教育制度的重要特征，是保障研究生培养质量的必备环节，在研究生成长成才中具有全面、综合和基础性作用。人才培养目标和学科要求是课程体系设计的根本依据。长期以来，地方高校研究生课程设置中存在的一些问题主要有：①固守精英教育时期的办学理念，沿用注重知识学科体系和学科逻辑体系、追求学术高标准和知识卓越的学科本位课程体系，致使学生应用能力、实践能力受到严重限制；②研究生课程主要由各培养单位来设置，目前研究生课程类别尚无统一的划分标准，课程分类存在随意性，简单移植本科课程分类标准，一般来讲有公共基础课、学科基础课、专业课三段式课程模式，设置实施时强调了理论知识的完整性、系统性、严密性，忽视了课程与行业产业的联系，造成理论与实践的脱节；③研究生课程宽广度、纵深度不够，与本科课程设置拉不开档次，研究生教育本身的属性考虑不够，方法类课程缺乏，忽视学术研讨班、多学科融合等非正式课程的模块设置，不利于研究生了解最新的学术前沿动态和培养自己的科研创新能力。

鉴于此,地方高校化学类硕士研究生在课程建设上如何突出"应用型"课程特征?一般来讲,课程建设与课程理念、人才培养方案、单门课程的教材编写、教学以及评价五个层次息息相关。地方高校要科学设计课程分类,坚持拓宽知识基础,培育人文素养为本,以应用能力培养为核心、以创新能力培养为重点,根据需要多学科融合设置课程,重视课程体系的系统设计和整体优化,避免单纯因人设课,没有真正按照社会人才结构和人才市场需要来培养人才。

我们以地方高校闽南师范大学化学一级学科为例,针对性、典型性地选取应用型人才培养特性对硕士研究生课程开发进行探讨。

4.1 课程设计理念

理念决定方向,课程设计理念结构化,有助于硕士研究生在复杂、不确定的环境中加深知识的理解和运用,课程体系多学科融合从"层状"转向"网状"综合发展,强调学习共同体和实践共同体对于课程的意义建构,对于应用型课程建设有重要的指导意义。

课程建设是人才培养的核心,也是落实闽南师范大学化学一级学科硕士点培养目标,实施研究生教学管理改革的难点。为达成"应用型人才"的培养目标,我们根据在行业企业调研时,了解到的对应岗位群所需的知识体系,建立教学平台、科研平台、实践平台三类学科平台,打破课程界限,整体构建相应的模块化课程体系。

本着关注社会发展和学生成长双向需求,设计特色化的应用型人才培养体系,调研国内外硕士研究生办学理念与做法,以地方高校硕士研究生培养现状为基础,联合教育学、一线科技研发专家、科研院所博(硕)士研究生导师组等三类专家团队会商、论证、设计"校所企"三方协同培养体系培养化学类(图4-1)应用型硕士研究生。"校所企"协同培养体系聚焦科研创新和实践应用双能力发展,融入"以学生为主体""学生差异化发展""成果导向教育"三大协同培养发展理念。

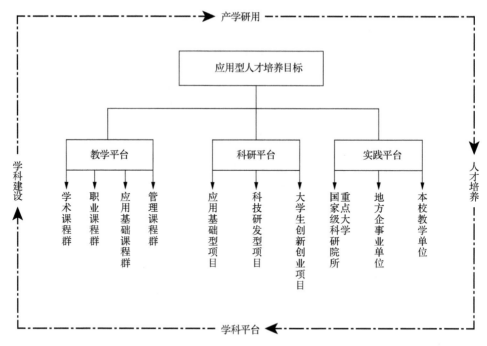

图 4-1 应用型人才培养体系

4.2 人才培养方案

人才培养方案（课程计划或教学计划），是课程建设的开端，它主要是指高校某一学科所开设的各门课程及其先后序列和相互之间的关系统合。闽南师范大学化学一级学科硕士点培养致力于以"服务需求、提高质量"为主线，以全日制应届本科毕业生为主体，突显"应用型"人才培养规格特质，即有别于重点大学的研究型人才，实现差异化办学，提出学术性与职业性并进的培养方式，科学制定人才培养方案，聘请校外知名学者、企事业行业专家参与重构课程体系，共同设计以学术、应用双能力为出发点、菜单式、模块化课程设置，学生自主选择、个性发展。具体设置教学、科研、实践三大类别平台内容，教学、科研、实践遵循应用理论基础→实践应用→科研深化的相互依存、相互制约的关系，课程设置内容如下。

4.2.1 教学平台

闽南师范大学化学一级学科硕士点课程设置,定性"能力供给侧改革"为主,创新技术逻辑体系,模块化课程关注区域科学技术经济文化发展产生的科学问题、技术需求、管理难题,学术性与职业性并进,开设学术课程群(学科基础知识、学科发展前沿、区域发展相关学科特色校本课程)、职业课程群(技能培训和专业实践)、应用基础课程群(技术研发、研究成果应用及转化)、管理课程群(行业及人力资源管理),将上述课程群融入公共学位课、专业基础课、专业必修课、专业选修课。我们以化学一级学科硕士点下设置的目录外环境化学、化学生物学两个二级学科为例。

1. 环境化学二级学科课程设置

闽南师范大学化学一级学科硕士点,设置目录外环境化学二级学科,确定的培养目标为:

(1)坚持四项基本原则,遵纪守法,德智体全面发展;具有坚定的政治方向,热爱祖国,崇尚科学,诚实守信,勤奋敬业,能较好地掌握辩证唯物主义的原理与方法。

(2)打下扎实的、系统的环境化学理论基础、掌握环境科学实验技术,培养良好的学风,熟悉自己研究方向的研究现状与发展趋势,具有较强的研究能力和论文写作能力。

(3)较为熟练地掌握一门外语,能熟练阅读本学科外文资料,了解环境化学发展的前沿和动态,能够在研究中较熟练地使用计算机,对从事的研究方向及相关学科有广泛了解。

(4)了解本学科相关知识产权、研究伦理知识,成为能够适应我国经济、科技、教育发展需要的,面向二十一世纪的从事教学、科学研究、技术开发及管理工作的高层次人才。

在课程设置上,实现化学与环境科学与工程、材料科学、生物学交叉融合,以公共学位课、专业基础课、专业必修课为基础，专业选修课设置学术课程群、应用基础课程群、管理课程群、职业课程群等模块化课程，力求学生差异化发展，具体见表4-1。

表4-1 闽南师范大学二级学科环境化学硕士研究生培养课程设置

课程类别	课程名称
公共学位课	中国特色社会主义理论与实践、马克思主义与社会科学方法论（文）、自然辩证法（理）、研究生综合及高级英语、专业英语
专业基础课	环境学（学科基础知识）、无机及分析化学（学科基础知识）
专业必修课	环境化学前沿（学科发展前沿）、形态分析（学科特色校本课程）
专业选修课	学术课程群：生物学基础（学科基础知识）、材料科学（学科基础知识）、化学进展（学科发展前沿）
	应用基础课程群：环境样品前处理（技术研发）、功能材料（技术研发）、传感器（技术研发）、创造学（研究成果应用及转化）
	管理课程群：生命周期评价（行业管理）、工业生态学（行业管理）
	职业课程群：现代分析测试技术（技能培训）、清洁生产审核（专业实践）、污染源在线自动监测仪器比对（专业实践）、污染源解析（专业实践）

2. 化学生物学二级学科课程设置

闽南师范大学化学一级学科硕士点，设置目录外化学生物学二级学科，确定的培养目标为：

（1）坚持四项基本原则，遵纪守法，德智体全面发展；具有坚定的政治方向，热爱祖国，崇尚科学，诚实守信，勤奋敬业，能较好地掌握辩证唯物主义的原理与方法。

（2）打下扎实的专业基础，培养良好的学风，熟悉自己研究方向的研究现状与发展趋势，具有较强的研究能力和论文写作能力。

（3）较为熟练地掌握一门外语，能熟练阅读本专业外文资料，能够在研究中较熟练地使用计算机，对从事的研究方向及相关学科有广泛了解。

（4）了解本学科相关知识产权、研究伦理知识，具备从事生物学教学、科研和农业综合开发与管理能力，毕业后能成为高等学校或科研单位、文化部门的教学、科研和管理人才。

在课程设置上，推动化学与生物学、药物科学、食品科学的交叉融合。以公共学位课、专业基础课、专业必修课为基础，专业选修课设置学术课程群、应用基础课程群、管理课程群、职业课程群等模块化课程，力求学生个性化发展，具体见表 4-2。

表 4-2　闽南师范大学二级学科化学生物学硕士研究生培养课程设置

课程类别	课程名称
公共学位课	中国特色社会主义理论与实践、马克思主义与社会科学方法论（文）、自然辩证法（理）、研究生综合及高级英语、专业英语
专业基础课	高级生物化学（学科基础知识）、高级微生物（学科基础知识）
专业必修课	化学工程学（学科基础知识）、天然产物化学（学科发展前沿）
专业选修课	学术课程群：生理学（学科基础知识）、药理学（学科基础知识）、分子生物学（学科基础知识）、细胞生物学（学科发展前沿）
	应用基础课程群：菌类活性物质工程技术（技术研发）、高级微生物（技术研发）、功能食品化学（技术研发）
	管理课程群：农产品贮藏与加工（行业管理）、菌物产业管理（行业管理）
	职业课程群：现代分析测试技术（技能培训）、分子生物学软件分析（技能培训）、生物化学分析（技能培训）、药物分析（技能培训）、分离分析化学（技能培训）、功能食品开发（专业实践）、蘑菇多糖提取（专业实践）

通过以上课程的开设，实现基础学科理论、开发应用、专业管理三元能力融合，并能吸收行业前沿知识，及时实行动态调整。

4.2.2　科研平台

创建国家自然科学基金等应用基础类、技术开发类、大学生创新创业三种类型课题群，提供扭转"学科逻辑"为"技术逻辑"所需研究渠道，实现学生发现、解决复杂科技问题综合能力的生成、转移、发展。

以提高应用型硕士研究生解决科技问题核心素养为目的，创建综合解决科技问题所需的"校所企"深度合作课题群。为学生创建学科前沿理论研究（表 4-3）、技术开发（表 4-4）、实践应用（表 4-5）三个层面、递进式课题，在"校所企"共创的技术创新平台中实现学生综合能力结构的生成、转移、发展，提升服务高新技术相关行业能力的同时，增强学生实践应用能力及技术创新实力，使得社会发展和学生学习达到共赢。

表 4-3　硕士研究生参与应用基础类科研项目一览表

序号	项目来源	项目名称及编号	参与硕士研究生
1	科技部国家重点基础研究发展规划（"973"计划项目）	密闭舱室环境安全保障纳米复合材料（No.2014CB931801）	郑建忠、陈杰
2	国家自然科学基金面上项目	手性光子晶体的构建及手性检测（No.21475029）	郑建忠
3	国家自然科学基金重大研究计划子项目	可控多级次组装体的构筑与功能（No.91427302）	郑建忠
4	国家自然科学基金青年项目	金属-氨基酸一维纳米线的制备及其电学性质研究（No.20901019）	郑建忠、陈杰
5	国家自然科学基金面上项目	无机纳米粒子-金属有机骨架化合物核壳纳米结构的制备及性能研究（No.21371038）	吴艺津
6	国家自然科学基金面上项目	贵金属基核壳结构多功能复合纳米材料的构筑及其性能研究（No.21303029）	吴艺津、蔡家柏
7	南方海洋中心项目	海洋科技成果转化与产业化示范，河流入海通量在线监控关键技术研发及示范（No.14GST68NF32）	余惠武
8	国家自然科学基金重点项目	南海浮游生态系统结构及其生物泵效率的调控机制（No.41330961）	陈丽惠
9	"973"计划子项目	中国近海水母暴发的关键过程、机理及生态环境效应，课题 3：浮游植物群落演替与水母暴发的相互影响（No.2011CB403603）	刘凤娇
10	国家自然科学基金面上项目	东海青绿藻的生态学研究（No.41176112）	涂腾秀
11	国家自然科学基金面上项目	福建滨海湿地固着缘毛类原生动物的分类学与分子系统学（No.31372167）	陈丽惠
12	国家自然科学基金青年项目	应用广义相加模型分析东海主要浮游植物类群时空格局与调控机制（No.41406143）	李跃海
13	国家自然科学基金青年项目	近海真光层中浮游植物引发微量元素形态转化机制（No.40506020）	蔡添寿、陈乙平、林路秀
14	国家自然科学基金面上项目	仿生消化-单层脂质体萃取在中药微量元素形态分析及生物可给性评价中的应用（No.20775067）	蔡添寿、陈乙平、林路秀、邱雅青
15	国家自然科学基金面上项目	化学吸附法表面修饰纳米 TiO_2 及其在光催化降解芳香族污染物中的应用（No.20977074）	蔡添寿、陈乙平、蔡舒婕
16	国家自然科学基金面上项目	表面修饰 $Fe_3O_4@SiO_2@TiO_2$ 磁性纳米粒子吸附及可见光光催化在微量元素分析样品前处理中的应用（No.21175115）	蔡舒婕、陈杰、郑建忠、王振华、梁文杰、林小凤、蔡家柏、武雪晴

续表

序号	项目来源	项目名称及编号	参与硕士研究生
17	国家自然科学基金面上项目	多亲性双层夹心型纳米介孔空心球可见光光（电）催化在水质监测样品前处理中的应用（No. 21475055）	陈德建、吴艺津、周海逢、林帆、余惠武、李跃海、杨辉、林炸、王婷婷、刘翠娥、黄加玲、黄永俊、曹功勋、满珊
18	国家自然科学基金面上项目	多功能二氧化钛基纳米复合材料薄层构建水体微量元素现场全分析系统研究（No. 21675077）	林帆、余惠武、李跃海、杨辉、林炸、王婷婷、刘翠娥、黄加玲、黄永俊、曹功勋、满珊
19	教育部新世纪优秀人才支持项目	环境化学（No. NCET-110904）	蔡舒婕、陈杰、郑建忠、牟洋、陈丽惠、刘凤娇、王振华、梁文杰、林小凤、涂腾秀、蔡家柏、武雪晴
20	福建省杰出青年基金项目	化学吸附法表面修饰纳米 TiO_2 在芳香族污染物分析及治理中的应用（No.2010J06005）	蔡添寿、陈乙平、蔡舒婕、郑建宗、陈杰、王振华、林小凤、梁文杰、蔡家柏、武雪晴
21	国家自然科学基金青年项目	近海海水中镍的形态及生物可给性对浮游植物吸收尿素及其群落结构的影响（No. 41206096）	刘凤娇、陈丽惠、涂腾秀
22	福建省科技计划重点项目	表面修饰 $Fe_3O_4@SiO_2@TiO_2$ 磁性纳米粒子可见光光催化在饮用水深度处理中的应用（No. 2012Y0065）	涂腾秀、蔡家柏、武雪晴、陈德建、周海逢、吴艺津

表4-4　硕士研究生参与技术开发类科研项目一览表

序号	委托单位	项目名称	起止时间	经费（万元）	参与硕士研究生
1	福建省环境保护厅	漳州市重点行业企业用地基础信息采集和风险筛查技术服务	2018.07～2019.12	136	杨辉、林炸、王婷婷、刘翠娥、黄永俊、曹功勋、满珊

续表

序号	委托单位	项目名称	起止时间	经费（万元）	参与硕士研究生
2	中国环境科学研究院	农村居民生活能源消费结构与使用量调查项目	2018.07～2018.12	10	杨辉、林烨、王婷婷、刘翠娥、黄永俊、曹功勋、满珊
3	福建省联盛纸业有限责任公司	福建省联盛纸业有限责任公司污染源在线自动监测仪器比对监测	2017.09～2017.11	1.24	李跃海、杨辉、林烨、王婷婷、刘翠娥
4	敦信纸业有限责任公司	敦信纸业有限责任公司污染源在线自动监测仪器比对监测	2017.09～2017.12	0.48	李跃海、杨辉、林烨、王婷婷、刘翠娥
5	漳州市城市废弃物净化有限公司	漳州市城市废弃物净化有限公司污染源在线自动监测仪器比对监测	2017.06～2017.09	0.86	李跃海、杨辉、林烨
6	福建三宝钢铁有限公司	福建三宝钢铁有限公司污染源在线自动监测仪器比对监测	2017.04～2017.06	0.94	余惠武、林帆、李跃海、杨辉、林烨
7	龙海市科全监控设备有限公司	华发纸业（福建）股份有限公司污染源在线自动监测仪器比对监测	2017.03～2017.05	0.68	余惠武、林帆、李跃海、杨辉、林烨
8	福建联盛纸业有限公司	福建省联盛纸业有限公司污染源在线自动监测仪器比对监测	2016.11～2017.01	1.36	余惠武、林帆、李跃海、杨辉、林烨
9	青岛啤酒（漳州）有限公司	青岛啤酒（漳州）有限公司污染源在线自动监测仪器比对监测	2016.10～2016.12	0.43	余惠武、林帆、李跃海、杨辉、林烨
10	漳州市圣元环保电力有限公司	漳州市圣元环保电力有限公司污染源在线自动监测仪器比对监测	2016.10～2016.12	1.33	余惠武、林帆、李跃海、杨辉、林烨
11	漳州市圣元环保电力有限公司	漳州市圣元环保电力有限公司污染源在线自动监测仪器比对监测	2016.10～2016.12	0.68	余惠武、林帆、李跃海、杨辉、林烨
12	厦门市吉龙德环境工程有限公司	漳州微水固废处置有限公司污染源在线自动监测仪器比对监测	2016.07～2016.09	0.78	余惠武、林帆、李跃海、杨辉、林烨
13	厦门市吉龙德环境工程有限公司	厦门市吉龙德环境工程有限公司污染源在线自动监测仪器比对监测	2016.06～2016.11	5.63	余惠武、林帆、李跃海、杨辉、林烨
14	福建三宝钢铁有限公司	福建三宝钢铁有限公司污染源在线自动监测仪器比对监测	2016.04～2016.06	0.78	周海逢、陈德建、余惠武、林帆、李跃海、杨辉、林烨

续表

序号	委托单位	项目名称	起止时间	经费（万元）	参与硕士研究生
15	漳州东墩污水处理有限公司	漳州东墩污水处理有限公司污染源在线自动监测仪器比对监测	2016.07～2016.11	0.33	余惠武、林帆、李跃海、杨辉、林烨
16	漳州环境再生能源有限公司	漳州环境再生能源有限公司污染源在线自动监测仪器比对监测	2016.03～2016.04	1.41	周海逢、陈德建、余惠武、林帆、李跃海
17	漳州东墩污水处理有限公司	漳州东墩污水处理有限公司污染源在线自动监测仪器比对监测	2016.05～2016.06	1.26	周海逢、陈德建、余惠武、林帆、李跃海
18	厦门市吉龙德环境工程有限公司	福建龙溪轴承（集团）股份有限公司污染源在线自动监测仪器比对监测	2015.09～2015.10	4.14	周海逢、陈德建、余惠武、林帆、李跃海
19	厦门市吉龙德环境工程有限公司	漳州旗滨玻璃有限公司污染源在线自动监测仪器比对监测	2015.08～2015.09	3.58	周海逢、陈德建、余惠武、林帆
20	漳州环境再生能源有限公司	漳州环境再生能源有限公司污染源在线自动监测仪器比对监测	2015.04～2015.07	1.8	周海逢、陈德建、余惠武、林帆
21	南京分析仪器厂有限公司	漳州旗滨玻璃有限公司污染源在线自动监测仪器比对监测	2015.03～2015.05	1.72	蔡家柏、周海逢、陈德建、余惠武、林帆
22	漳州绿江污水处理有限公司	漳州绿江污水处理有限公司污染源在线自动监测仪器比对监测	2015.05～2015.06	1.47	周海逢、陈德建、余惠武、林帆
23	联盛纸业（龙海）有限责任公司	联盛纸业（龙海）有限责任公司污染源在线自动监测仪器比对监测	2015.08～2015.10	1.47	周海逢、陈德建、余惠武、林帆
24	厦门市吉龙德环境工程有限公司	新港热能工程（漳州）有限公司污染源在线自动监测仪器比对监测	2015.09～2015.10	1.31	周海逢、陈德建、余惠武、林帆、李跃海
25	中建中环工程有限公司	腾龙芳烃(漳州)有限公司污染源在线自动监测仪器比对监测	2015.03～2015.07	5.2	蔡家柏、涂腾秀、周海逢、陈德建

序号	委托单位	项目名称	起止时间	经费（万元）	参与硕士研究生
26	龙海市科全监控设备有限公司	污染源在线自动监测仪器比对监测	2012.06～2012.08	3.2	刘凤娇、陈丽惠、牟洋、梁文杰、林小凤
27	漳州旗滨玻璃有限公司	污染源在线自动监测仪器比对监测	2012.05～2012.07	1.9	刘凤娇、陈丽惠、牟洋、梁文杰、林小凤
28	漳州闽华超纤实业有限公司	污染源在线自动监测仪器比对监测	2012.06～2012.08	1.05	刘凤娇、陈丽惠、牟洋、梁文杰、林小凤
29	华安县环保局	华安县生态县建设规划	2011.08～2011.12	9.0	林路秀、蔡舒婕、邱雅青、刘凤娇、陈丽惠、牟洋、梁文杰、林小凤
30	漳州市环保局	废旧家电资源再生利用评估	2011.07～2012.01	7.0	梁文杰，王振华
31	长泰县环保局	长泰县生态县建设规划	2011.01～2011.06	5.0	林路秀、蔡舒婕、邱雅青、刘凤娇、陈丽惠、牟洋、梁文杰、林小凤
32	福建利达科兴环保有限公司	利达科兴污染源在线自动监测仪器比对监测（烟气、水）	2010.07～2010.12	1.58	蔡添寿、陈乙平、林路秀、蔡舒婕、邱雅青
33	长泰县三达水务有限公司	三达水务有限公司污染源在线自动监测仪器比对监测	2010.03～2010.04	1.23	蔡添寿、陈乙平、林路秀、蔡舒婕、邱雅青
34	漳州旗滨玻璃有限公司	漳州旗滨玻璃公司污染源在线自动监测仪器比对监测	2010.06～2010.08	1.19	蔡添寿、陈乙平、林路秀、蔡舒婕、邱雅青
35	福建省环境保护设计院	长泰经济开发区规划环评项目监测	2009.09～2009.10	7.5	蔡添寿、陈乙平、林路秀、蔡舒婕、邱雅青
36	长泰县环境保护局	长泰县乡镇集中饮用水水源地环境保护规划	2008.10～2008.12	4.0	蔡添寿、陈乙平、林路秀

续表

序号	委托单位	项目名称	起止时间	经费 (万元)	参与硕士研究生
37	漳州市环境保护局	九龙江流域漳州段入河排污口调查报告	2007.10～ 2007.12	5.0	蔡添寿、陈乙平、林路秀
38	长泰县环境保护局	长泰县县城饮用水水源地环境保护规划	2007.11～ 2007.12	2.0	蔡添寿、陈乙平、林路秀

表 4-5　硕士研究生指导大学生创新创业训练计划项目一览表

序号	年份	级别	项目名称	项目负责人	指导研究生
1	2019	省级	海洋微塑料对威氏海链藻生理生态和微量金属摄取的影响	陈海玲	刘凤娇
2	2019	省级	基于碳量子点荧光探针法分析浮游植物对铜的生物可利用性	王嘉伟	刘凤娇
3	2018	国家级	石油烃污染对小球藻生理生态的亚急性毒性效应研究	沈泽林	刘凤娇
4	2016	国家级	碳量子点在微藻对海洋酸化适应性研究中的应用	王震华	刘凤娇、李跃海
5	2015	国家级	油溶性硫系半导体量子点水溶化方法研究	朱晓琦	陈德建、蔡家柏
6	2014	国家级	酸化与富营养化耦合作用对微量金属在近海食物链传递的影响	陈丽梅	涂腾秀
7	2012	省级	石油烃污染及氮磷富营养化对痕量金属在海洋食物链中传递的影响	洪威	刘凤娇
8	2011	省级	高效-可回收光催化材料的开发及其在水处理中的应用	吴艺津	郑建忠、陈杰
9	2011	校级	两种浮游植物对不同形态铁的需求量以及生物利用率的种间竞争	云玥	刘凤娇
10	2011	省级	富营养化对铁的形态分布、生物可给性及其对硅藻种间竞争的影响	宋钰	刘凤娇
11	2008	省级	石油烃对威氏海链藻细胞生化组成的影响	刘凤娇	邱雅青
12	2008	校级	氮、磷及土霉素对威氏海链藻细胞生化组成的影响	任彩玲	林路秀
13	2007	省级	5-磺基水杨酸表面修饰负载型纳米二氧化钛处理对硝基苯酚废水	蔡舒婕	蔡添寿、陈乙平

　　课题项目类别不同，对硕士研究生知识能力结构的要求不同，锻炼提升的层面不同。"校所企"协同培养体系中要求在读硕士研究生参与三种不同类型的课题项目，具体如下：在校外博士研究生导师、校内硕士研究生导师指导下参加国家自然科学基金等纵向课题研究，提升基础理论研究素养，解决学科交叉领域内的科学问题；参与高校导师或企事业单位行业专家的科技开发等横向课题，培养自身的技术开发、应用研究能力，突破专业技术难题；指导本科生进行创新创业项目的调研、选题、实施，申报校内研究生资助课题，锻炼科研项目组织和管理能力。三类课题、三种角色、三种成效相互联系、相互促进，形成良性循环（图4-2）。

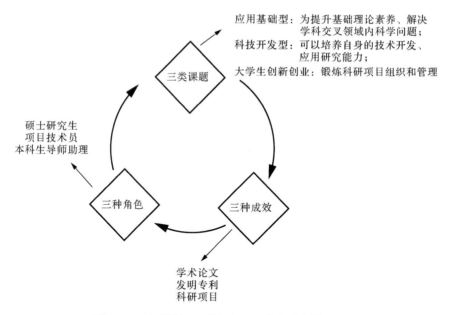

图4-2　三类课题、三种角色、三种成效良性循环图

4.2.3　实践平台

　　提供满足科研和实践应用双能力兼具所需三类实践资源，建设"研究型、实践性、见习式、教学类"实践基地群。开放性、系统化的实践场所是实现模块化

教学体系的需要，是培养高层次"应用型人才"教学运行的保障，是基于硕士研究生能力导向、知识输出、需求导向的培养纽带。

作为地方高校，要培养科研与实践应用能力同时发展的高层次双元人才，就必须转变"学校封闭教育"的传统观念，通过建立国家级科研院所或重点大学、地方高校、"地方企业网络群"（表 4-6）三类科研、实践双能力协同发展的实践基地群，通过资源共享，解决研究生实践资源不足、硬件落后、应用脱节等突出问题，引导硕士研究生三年不间断、螺旋式地参与各类实践，同时让学生有机融入"学—研—产""产—学—研""产—研—学"生态循环，实践训练呈现长期性、学术性、应用性、效益化兼具。

表 4-6　研究生实践基地建设情况一览表

序号	实践基地类型	项目名称	学科领域	签订时间
1	大型上市公司龙头企业	福建漳州发展股份有限公司（含漳州市东区污水处理厂、漳州市第一、第二自来水厂）	环境化学、分析化学	2013.10
2		漳州片仔癀药业股份有限公司	药物化学、分析化学	2013.09
3		青蛙王子国际控股有限公司	药物化学、分析化学	2013.10
4	事业单位	福建漳州古雷港经济开发区管理委员会	分析化学、环境化学	2013.09
5		漳江口红树林国家级自然保护区管理局	海洋化学、环境化学	2010.11
6		漳州市环保局（含漳州市环境科学研究所、漳州市环境监测站）	分析化学、环境化学	2005.07
7		福建省辐射环境监督站	分析化学、环境化学	2014.10
8		漳州市产品质量检验所	分析化学、食品化学	2007.09
9		漳州市环境监测站	分析化学、环境化学	2007.04
10	规模企业	福建片仔癀化妆品有限公司	材料化学、分析化学	2007.06
11		福建省步兴环保科技发展有限公司	环境化学、材料化学、分析化学	2013.07
12		福建省科辉环保工程有限公司	环境化学、材料化学、分析化学	2010.09
13	高新技术企业	福建皓尔宝新材料科技有限公司	材料化学、分析化学	2007.11

续表

序号	实践基地类型	项目名称	学科领域	签订时间
14	中小型企业	厦门泽光环境科技有限公司	材料化学、环境化学、分析化学	2016.11
15		漳州市闽南污水处理有限公司	环境化学、分析化学	2012.05
16		无锡洁雅环保科技发展有限公司	材料化学、环境化学、分析化学	2012.12
17		漳州市西区金峰污水处理有限公司（漳州市西区污水处理厂）	环境化学、分析化学	2005.03
18		漳州市晶晶环保技术开发有限公司	环境化学、分析化学	2013.11
19		漳州市环保开发公司	环境化学、分析化学	2016.09

参 考 文 献

胡甲刚. 2009. 美国跨学科研究生培养管窥. 学位与研究生教育, (10): 71-75

黄勇荣. 2010. 论研究生教育中的跨学科课程整合. 教育探索, (11): 41-42

焦磊. 2017. 美国研究型大学培养跨学科研究生的动因、路径及模式研究. 外国教育研究, (3): 16-25

李海生, 范国睿. 2010. 硕士研究生课程设置存在的问题及思考. 学位与研究生教育, (7): 59-63

李金碧. 2017. 硕士研究生课程设置的反思与范式重构. 教育研究, (4): 49-54

李顺兴, 杨妙霞. 2017. 地方高校专业硕士协同培养模式探究. 中国大学教学, (3): 43-46

潘懋元. 2011. 应用型大学人才培养的理论与实践. 厦门: 厦门大学出版社

潘懋元, 周群英. 2009. 从高校分类的视角看应用型本科课程建设. 中国大学教学, (3): 4-7

魏航. 2012. 美国研究生课程设置的特点及对我国的启示. 教育探索, (2): 158-159

第 5 章　地方高校培养化学类硕士研究生人才的教学模式

教学是人才培养的关键环节。目前，狭义的教学是以书本知识为教学对象，以研究生对书本知识的掌握作为教学的核心目的；广义的教学突破了"教学就是教室里上课"的传统观念，主要用教学服务质量和学生成长质量来表征。研究生教育作为高等教育体系中最高层次的教育，是教育体系中不可或缺的重要组成部分，是一项系统工程，包括了课程教学、社会实践和学位论文等诸多环节和方面。这里以闽南师范大学化学一级学科硕士点为例，主要从硕士研究生在课堂教学、科研、教学实践三方面接受的教育保障来体现教学服务、学生成长。

5.1　加强应用基础研究，提供地方行业发展和硕士研究生多样性成长所需共同学科平台

"凸显应用基础研究，强化实践能力教学"是促进服务地方行业发展和研究生发展多样性双元需求的根本路径。通过加强应用基础研究，既注重研究生多样性发展、关注能够输送优质博士研究生生源，还能立足服务区域社会经济。

闽南师范大学化学一级学科硕士点培养抓准学科前沿与区域关键共性技术需求交叉领域，在应用基础研究范畴内合理设计硕士研究生的研究课题，既能发表高影响因子的学术论文，有利于研究生申请博士研究生资格，又能获得地方行业发展急需的发明专利、科技产品或社会服务成果。

以服务闽南经济建设发展为导向，以"化学一级学科硕士点"、福建省化学类研究生教育创新基地、"现代分离分析科学与技术"福建省重点实验室和高校科技

创新团队、"福建省化学重点一级学科"、福建省"分析化学"重点学科为依托；集"学科建设、产学研用平台建设、人才培养"三大功能于一体，致力于实现"重点实验室、政府产业主管部门、行业龙头企业、分离分析科学与技术高层次人才培养"协同创新，瞄准化学与食品药品科学、环境科学与工程、材料科学交叉研究前沿，关注精细化学品分离检测、功能食品研发、药物分离检验、环境监测、污染治理、功能材料等技术的研发和应用，推动建设集"学科建设、产学研用平台建设、人才培养"三大功能于一体、学科前沿与闽南区域关键共性技术需求兼容的多学科交叉融合平台。

5.2　运用多种教学模式，提供以人为本服务地方行业发展的研究氛围

在教学理念上，主要秉承以人为本、启发引导解决问题的思路。研究生教学，要致力于从"教"的范式向"学"的范式转移的深刻变革，以硕士研究生为学习主体，通过自主、独立分析、探索、实践、质疑、创造来实现硕士人才培养目标的学习过程。在课堂教学中，主要采取案例教学、项目教学、习明纳尔（seminar）等教学模式，在探究式解决实际问题中开展多学科融合科学研究项目，校所企协同培养模式将教学、科研与服务有机结合。

5.2.1　案例教学法

案例教学是以案例为依托，以自主学习为基础，以交流为手段，以开发学生潜力、提高学生运用理论解决问题的能力和促进学生综合素质提高为目的的一种理论与实践相结合的教学方法。《教育部关于改进和加强研究生课程建设的意见》（教研〔2014〕5 号）中提倡重视通过对经典理论构建、关键问题突破和前沿研究进展的案例式教学等方式，强化研究生对创新过程的理解。加强方法论学习和训练，着力培养研究生的知识获取能力、学术鉴别能力、独立研究能力和解决实际问题能力。

中华国宝名药片仔癀由漳州片仔癀药业股份有限公司独家生产，闽南师范大学作为本地区的地方高校，在教学中，通过引入片仔癀的案例，通过布置任务让学生自行准备→小组讨论→各小组汇报并集体讨论→教师总结等教学步骤，从化学的角度联手生物学等学科，让研究生对片仔癀及其系列产品的药物组成、制备方法、药理作用、毒性试验、化学成分、理化性质等展开教学与研究，鼓励研究生在本领域寻找自己感兴趣的研究问题，然后在教师的指导下，采用课堂上所学习的理论和方法，解决这个问题，最后形成学术论文进行发表，激发硕士研究生研究兴趣的同时，紧密与地方行业企业合作，为地方企业提供科技服务平台，也促进应用型硕士研究生人才的培养。

5.2.2　项目教学法

项目教学法是一种开放的教学形式，通过项目式学习，让硕士研究生能像科学家那样在提供的情境性、应用性等项目中，达到有目的的、独立探索完整的应用研究问题，培养自身的创新实践能力。可以在国家自然科学基金等纵向项目中进行应用基础研究，可以在提供的横向项目中应用研究成果，也可以让硕士研究生通过指导本科生创新创业创造设计项目参与科技创新、社会实践，提高自身专业素养和就业创业能力。

项目的开展关键不在于产品结果或（抽象结果）本身，重要的是学生自主构建完成项目的过程。通过探究性、研究性学习过程，硕士研究生学会分析实际问题、解决疑难问题，对探究过程中的提出问题、进行假说、收集数据资料、分析与解释数据资料、得出证明或者证伪的结论等要素部分或全部能有深刻的认识与理解；硕士研究生在具有产品结果为导向的项目式学习中培养在多学科融合下的自组织、特定需求中解决社会关联性问题，从而培养自身实践应用能力。

项目式教学中教师作为引导者、指导者，注重给硕士研究生提供学习的内容与现实问题的相关性，项目设计要有助于学生学以致用，并让硕士研究生进行主动的建构知识，形成自己特色的认知。在学习中，能够遵循对自然科学认识过程的思路与方法，一般包括以下几个步骤，且各个步骤之间是一个不断循环往复的过程（图 5-1）。

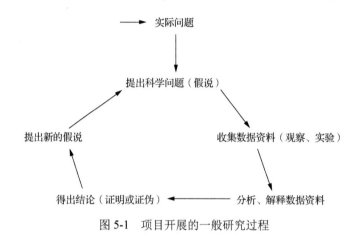

图 5-1　项目开展的一般研究过程

　　运用该思路方法，我们开展的项目举例如下（见表 5-1，具体解决过程见附录 1、附录 2、附录 3）。

表 5-1　闽南师范大学开展的项目式教学案例内容

项目	实际问题	科学问题
1	生活中可以看到很多老旧生锈的铁制品被随意丢弃，甚至可以看到农村吃水的井上面盖着锈迹斑斑的铁架子。在雨水冲刷下铁锈进入水体中会不会造成铁污染	在没有大型仪器的情况下，如何快速、便捷、可靠地检测水体中铁离子浓度呢？我们该如何通过多学科交叉融合，设计 Fe^{3+} 浓度检测方案
2	江河湖等淡水水体、近海海水普遍富营养化，引起藻类植物疯狂生长，即引发水华或赤潮，导致水域生态系统的失衡，破坏水生生态景观，直接影响农业、渔业生产和旅游业发展，造成巨大的经济损失，甚至危害人类身体健康，已是重要的水环境问题	适当收集水体中藻类资源，如何通过简单且低能耗的方法进行深度开发，既可变废为宝，创造经济效益，又可为水华控制提供帮助
3	冠心病、高血压和动脉粥样硬化等心血管疾病患病率快速增长，造成此现象原因之一是血清中胆固醇浓度异常。胆固醇浓度指标有助于相关疾病检测和预防。在没有大型仪器的情况下，如何快速检测血清中胆固醇浓度？该问题已成为迫切的民生问题和医学检验需求	胆固醇广泛存在于动物体内，是动物细胞膜基本结构成分，在维持膜结构完整性和流动性方面发挥重要作用，又是合成胆汁酸、维生素 D 和激素的原料。健康人血清中总胆固醇正常水平一般低于 5.2 mmol/L。血液中胆固醇水平过高，称为高胆固醇血症，会明显增加冠心病、高血压和动脉粥样硬化等血管疾病的风险。另外，胆固醇的缺乏被认为与抑郁症、癌症和脑出血等疾病的出现相关联。胆固醇被世界卫生组织国际癌症研究机构列为第三类致癌物。因此开发一种便捷、可视化、选择性高、稳定性好、绿色环保的胆固醇测定方法具有重要应用价值

5.2.3　习明纳尔法

习明纳尔是 seminar 的音译,《牛津现代高级英汉双解词典》中定义为：学生为研究某问题而与教师共同在班级讨论，即人们常说的大学研究班、研究讨论会或讨论室。

教师可以通过选定研究课题→让学生自主学习→课堂讨论和答辩→论文评价等基本教学过程，启发学生对学术问题的独立探索，以平等对话的方式，激励研究生继承和发扬导师的治学态度和科学精神，发挥硕士研究生的创造力。此外，还通过①学术讲座向知名教授了解化学研究领域最前沿的知识；②通过例会讲座与知名青年学者交流学习成长经历；③通过例会报告向主讲人即博士研究生、博士后等学习，培养硕士研究生的文献检索、阅读和归纳分析的能力，加强科研口头表达能力；④通过课题组组会，弥补学生的科研思维缺漏，充分拓展知识面，培养学生的综合能力；⑤定期举办研究成果交流会，构建个人汇报、集体交流，相互交互合作、学习的情境氛围。

通过习明纳尔的教学形式，①可以让硕士研究生们忆古追今，了解材料化学研究历史中，美国化学家马克迪尔米德、物理学家黑格尔和日本化学家白川英树发现掺杂碘的聚乙炔具有金属特性而获得 2000 年诺贝尔化学奖的故事，或者在化学生物学研究领域，英国化学家桑格由于对胰岛素进行测定而为人工合成奠定基础，以及建立了脱氧核糖核酸结构的化学和生物分析法，在 1958 年和 1980 年先后两次获得诺贝尔化学奖的历史故事。②硕士研究生可以了解学科前沿。例如，太阳能光伏技术发展趋势：以晶体硅为代表的第一代太阳能电池蓬勃发展，占太阳能电池总量的 90%，在材料提纯、电池制备等方面还有上升空间，也有物理和化学问题需要研究；防治石化能源造成的环境污染：大量使用矿物燃料产生的二氧化碳引起全球气候变化，如何运用二氧化碳基塑料解决长期制约生物降解塑料产业高成本瓶颈的关键材料，为发展生物降解塑料环保产业提供重要支持，进而对二氧化碳基塑料的高效制备、改性加工、应用和工业化方面的研究进展追踪了解等（宋冠群和朱晓文，2012）。

5.3　确立"校所企"协同培养体系，构建教学、科研与服务三者统一的应用型模式

《国家中长期教育改革和发展规划纲要（2010—2020年）》对高等教育改革和发展提出的一项重要任务是"优化结构、办出特色"，纲要指出高等教育必须适应国家和区域经济社会发展需要，建立动态调整机制，不断优化高等教育结构。如前所述，地方高校硕士研究生的人才培养定位为应用型人才，实践证明，校企合作是实现这类学校培养应用型创新人才的关键。地方高校闽南师范大学作为福建省重点建设大学，办学条件与教育部直属或有关部委所属大学、研究所在软、硬件配备上尚有一定的差距，在化学类硕士研究生人才培养方面，考虑学生多样化发展与经济社会双需求以及具备的社会教育资源，我们特色化地构建"校所企"（图5-2）协同的高层次应用型人才培养体系。一方面，让硕士研究生有机会深入学术型大学、研究所开展应用型学术研究；另一方面，硕士研究生有机会进入本地企业、产业，将所学知识应用于实践。

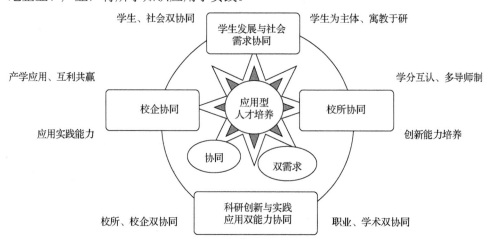

图5-2　闽南师范大学化学一级学科硕士点"校所企"协同改革机制

人才培养方案需要在教育实践中贯穿落实。具体、可行的实施路径是培养高层次应用型人才的关键环节。"校所企"协同培养体系是实现"服务区域社会发展和学生多样性成长"双元需求的有效途径。

"校所企"协同培养体系中要强化资源保障,其中师资队伍建设是提高人才培养质量的核心要素。一直以来,我们把能具有应用科学技术研究、产学研合作及成果转化能力的"双师型"教师作为教师专业成长的主要目标。既实施校内双师型教师培养计划,又注重整合校内外师资资源来坚固导师教学团队。

该培养体系实行"三类四层"导师指导制,对学生综合素质和创新能力进行多元化、全方位的培养。聘请三类导师进行四层面指导(学术指导、实践指导、开发指导、管理指导)。

一类导师为本校硕士研究生导师组,由博士研究生导师、国家自然科学基金项目获得者等组成,注重通过理论讲授、学术讨论、科学研究、科技开发、论文指导等指导学生如何把研究领域相关多学科知识交叉融合、多项技术复合整合,形成与社会需求和研究生发展意向双向匹配的专业理论知识体系。

一类导师为企事业单位行业专家组,选聘企业类的福建省杰出青年基金获得者、高级工程师,培养学生用技术知识解决生产、服务、管理等一线实际问题,同时传授学生分析、创造和设计的技能、技术。

一类导师为协同发展科研院所或重点大学的导师组,从国家级高水平科研院所、国家级一流大学,聘请科技部"973"首席科学家、国家杰出青年科学基金获得者、博士研究生导师,提供科研资源和学术思想共享,参与课题项目的共同开发,让学生在一定时期外出进行研发学习,对研究过程中遇到的艰深、复杂、关联的问题进行创造性的指导帮助。

参 考 文 献

陈美红. 2013. 研究生教学改革思想之探析. 中国成人教育, (18): 135-137

高芬. 2011. 美国高校研究生教学中的"教"与"学". 学位与研究生教育, (3): 73-77

胡成玉, 陈翠荣, 王艳银. 2018. 研究生教学质量满意度调查研究. 黑龙江高教研究, (11): 105-108

教育部. 2014-12-05. 教育部关于改进和加强研究生课程建设的意见. http://www.moe.gov.cn/srcsite/ A 22/s7065/201412/ t20141205_182992.html

刘汕. 2013. 中美高校研究生教学模式比较与启示. 研究生教育研究, (6): 86-89

卢博. 2017. 硕士研究生教学改革的一些探索. 课程教育研究, (46): 2-3

闽南师范大学化学化工与环境学院. 2018-05-29. 福建省现代分离分析科学与技术重点实验室简 介. http://hxxy.mnnu.edu.cn/info/1093/1677.htm

宋冠群, 朱晓文. 2012. 学科交叉为化学发展注入新活力. 中国科学: 化学, 42(6): 873-877

王根顺, 李立明. 2011. 从案例教学看研究生教学改革方向. 中国电力教育, (4): 38-39

吴绍春, 张立新. 2015. 研究型大学的研究型教学: 理念与实践. 哈尔滨: 哈尔滨工业大学出版社

熊玲, 李忠. 2010. 全日制专业学位硕士研究生教学质量保障体系的构建. 学位与研究生教育, (8): 4-8

余文森. 2017. 核心素养导向的课堂教学. 上海: 上海教育出版社

张红霞. 2010. 小学科学课程与教学. 北京: 高等教育出版社

第6章 地方高校培养化学类硕士研究生人才的评价、成效

研究生教育是培养高级专门人才的主要形式。研究生评价是研究生培养过程的重要组成部分，也是保障研究生培养质量不可或缺的环节，是地方高校综合竞争力的重要体现。硕士研究生培养质量是指满足硕士研究生与社会发展两方面需求的程度。

6.1 当前我国研究生评价存在的主要问题

6.1.1 评价内容标准的单一性

研究生培养质量是由多种因素综合作用的过程，因此研究生培养质量标准是一个多层次、多维度、多元化的概念，而目前倾向于重理论轻应用、重成果轻转化等学术型研究生原有评价模式，不适宜应用型硕士研究生人才的培养要求。

6.1.2 评价方式非动态化

目前，硕士研究生培养多注重脱离实际应用的学术性知识的学习，少关注解决生活、生产实际问题能力的多学科融合培养，多元化、综合化的硕士研究生应用能力培养，需要建立多元化评价体系，注重诊断性评价、形成性评价。

6.2　应用型硕士研究生人才评价体系的建立

应用型硕士研究生人才评价体系应打破培养质量评价模式单一化，构建社会评价和硕士研究生满意度评价为主的多元化评估机制。本着为"社会输出人才"的评价原则，通过联合企业建立培养过程评价模式，改变重理论轻应用的传统评价模式，建立体系化、专业化、弹性化分模块考核评价制度，采取直接评价、诊断式评价、课程质量监督、行业执业资格标准达成、论文研究体系监控等多元化评价方式。

例如，闽南师范大学化学一级学科硕士点构建定评"核心素养达成度"，倡导全方位全程跟踪评估的评价机制。

科学合理的培养体系应达到两个满意度，社会要对人才质量满意及学生要对学习效果满意。闽南师范大学化学一级学科硕士点"校所企"协同培养体系包含以下三方面。

（1）在评价内容方面，改变过去学生对单一课程下知识点掌握程度的监控，为"模块池"中学生应承载的能力的监控，特别改革学位论文研究体系，要涵盖学科基础理论及其应用两个领域。

（2）在质量标准方面，通过与国家级科研院所、地方高校、地方企业共同制定人才培养标准，结合归类模块的作用、功能、特点，制定相应模块的质量标准，使其符合拟从事行业执业资格标准。

（3）在监控主体方面，实行多元监控机制：①学术课程群以校内导师组直接评价为主，校外知名学者参与诊断式评估为辅；②职业课程群、管理课程群评价采取重点邀请未参与课程设计行业专家监督课程质量，再由课程设计三方专家针对反馈、反思改进；③应用基础课程群由行业专家与学科带头人共同评价。

6.3　应用型硕士研究生人才培养的成效

建立完善的、科学的、合理的研究生培养质量保障体系是保证应用型硕士人才质量的重要基础，也是政府管理部门、地方高校及社会各界密切关注的问题。

应用型硕士研究培养质量评价体系具有良好的导向、激励、诊断和监督功能，地方高校要依据课程群类别，从校内和校外两个角度展开培养质量测评，把分类评价机制贯穿硕士研究生培养的"第一课堂""第二课堂""第三课堂"中，确保与应用型硕士人才培养规格定位标准相一致，使培养效果得以综合性、专业化反馈。

我们以闽南师范大学化学一级学科为例，继 2007 年与漳州市环境监测企事业单位合作之后，于2011 年5 月与国家级高水平科研院所签订合作培养研究生协议，拓展我校导师团队材料化学研究能力和研究生培养资源，标志着我校应用型研究生"校所企"协同培养体系确立，项目进入推广应用阶段；2013 年再与国家级一流大学合作，增强我校团队在环境化学、海洋化学领域研究生培养能力，与漳州市特色行业企业合作，提升研究生在药物化学领域的应用实践及管理能力。该培养体系不只局限于地方高校现有资源，创新性、特色化、生态化地运用"校所企"协同培养观点来满足区域经济社会发展和学生个体发展多样性的双元需求，兼顾了学术性和职业性的并进发展，这里，主要从研究成果应用、硕士研究生就业升学、学生创新实践能力提升三方面来说明"校所企"协同培养体系下的应用型硕士人才质量评价的成效，并曾委托调查与数据研究中心第三方进行培养质量调查监督。

6.3.1　论文选题注重多学科融合，成果应用提升硕士研究生科研竞争力

论文选题注重多学科融合，遵循校企合作、学校把关、共同选题的原则，立足于实践，针对实践工作中需要研究的问题或者制约某部门或企业发展所急需解决的问题进行研究，突出论文的社会性、经济性、实用性价值。

1. 学位论文选题注重学科前沿探索与应用研究并重

聚焦分析化学、生命科学、环境科学、药物科学等科学前沿，在综合性、复杂性科学技术问题解决中培养硕士研究生的思维能力、研究能力、应用能力是我们的关注点。自 2007 级硕士研究生起，我们突破传统学位论文偏重创造学术性科研成果这一局限性，提倡学科前沿探索与应用实践研究并举，以李顺兴教授率领的项目组所完成的学位论文为例（表 6-1）。

表 6-1　培养硕士研究生学位论文一览表（2010～2019 届）

序号	年级	学号	毕业论文题目	研究学科领域
1	2007	2007062005	纳米氧化物涂层石英管在原子捕集中的应用	分析化学，材料化学
2	2007	2007062006	纳米 TiO_2 及其表面修饰物在有机污染物痕量分析中的应用	分析化学，材料化学
3	2008	2008062001	体外仿生模型在微量元素形态分析及生物可给性和毒性评价中的应用	分析化学，食品化学，药物化学
4	2009	2009062013	中药部位、配伍及提取工艺对微量金属配合物形态及生物可给性的影响研究	分析化学，药物化学
5	2009	2009062017	表面修饰纳米 TiO_2 可见光催化降解芳香族污染物及其在 COD 测定中的应用	分析化学，环境化学，材料化学
6	2010	2010062008	纳米材料结构单元调控及其在 CO 催化氧化方面的研究	环境化学，材料化学
7	2010	2010062009	功能纳米材料的可控组装、功能集成与应用研究	环境化学，材料化学
8	2010	2010062013	中药中黄酮和皂苷生物可给性影响因子研究	分析化学，药物化学
9	2010	2010062016	食品中微量金属生物可给性的影响因子研究	分析化学，食品化学
10	2010	2010062024	近海污染物对硅藻生态功能及铁生物化学地球循环的影响	海洋化学，分析化学
11	2010	2010062007	碳量子点表面修饰纳米 TiO_2 在芳香族污染物处理和铬价态转化中的应用	材料化学，环境化学
12	2011	2011052001	表面修饰负载型纳米 TiO_2 光催化在水质分析及污染物治理中的应用	分析化学，环境化学，材料化学
13	2011	2011052011	纳米 TiO_2/纤维素材料在微量元素分析样品前处理中的应用	分析化学，环境化学，材料化学
14	2012	2012052001	多重压力胁迫下近海生态功能系统的研究	海洋化学，分析化学

续表

序号	年级	学号	毕业论文题目	研究学科领域
15	2012	2012052004	多级结构纳米复合材料的光催化协同效应研究	材料化学，环境化学
16	2012	2012052007	双壳金属氧化物纳米空心球光催化降解水体污染物研究	材料化学，环境化学
17	2013	2013052002	金属微纳米材料在重金属及酚类污染物分析和去除中的应用	分析化学，环境化学，材料化学
18	2013	2013052015	原位氮掺杂碳材料在电化学传感器中的应用	分析化学，环境化学，材料化学
19	2013	2013052011	金属有机框架衍生多孔碳基杂化材料制备及其在电学传感器和电催化氧还原中的应用	环境化学，材料化学
20	2014	2014052009	金属/氮原位共掺杂及抗坏血酸电沉积在电化学传感器制备中的应用	环境化学，材料化学
21	2014	2014052005	纳米金属氧化物表面修饰、氮掺杂对吸附及光催化性能影响研究	环境化学，材料化学
22	2015	2015052002	碳基量子点荧光检测 Fe(III) 及胆固醇研究	环境化学，材料化学
23	2016	2016052003	壳壳复合 TiO_2 基纳米空心球光催化及电化学性能研究	环境化学，材料化学
24	2016	2016052006	掺杂对 TiO_2 纳米空心球及碳基量子点性能影响研究	环境化学，材料化学

　　研究生的研究学科领域涉及分析化学、生命科学、环境科学、药物科学、材料化学、食品化学、海洋化学等多学科，注重微观特性的组成、变化等对宏观性能的影响与推动，让硕士研究生能在学科前沿性、交叉性、复杂性的科学及工作情境中运用多学科知识来系统化、创新性地解决特定科学技术和管理难题。

2. 发表科研论文影响因子高

　　注重解决交叉学科领域内的科学问题，在学科理论研究与应用技术研发综合领域积极挖掘共性科学技术难题是我们的一大特色和亮点。通过"校所企"协同培养的模块化教学改革，研究生的科研竞争力得到显著提升，在不同学科交叉融合下完成较高质量学位论文，能创见性地提出前瞻性、关键性的科学技术问题，形成系统化解决问题的科研能力，转化为成体系的学术成果，得到了行业专家认可。

　　自 2007 级硕士研究生开始，李顺兴教授率领的项目组在 *ACS Nano*、*Advanced*

Functional Materials、*Applied Catalysis B*、*Small*、*Nanoscale* 等 SCI 收录期刊发表论文 61 篇。其中，JCR Ⅰ 区 28 篇，Ⅱ 区 14 篇，TOP 期刊 32 篇；总影响因子 312.695，影响因子 31 篇超 5.0，5 篇超 10；按毕业研究生 24 人计，人均发表 SCI 收录论文 2.54 篇，人均影响因子 13.029，篇均影响因子 5.126（图 6-1、表 6-2）。

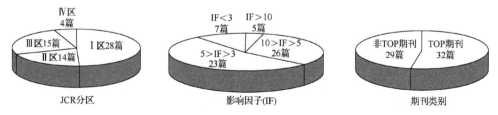

图 6-1　硕士研究生发表 SCI 论文 JCR 分区、影响因子、期刊类别情况

表 6-2　研究生发表 SCI 收录学术论文一览表

序号	期刊	分区及影响因子	发表时间，卷（期）：页码	论文题目	研究生
1	*ACS Nano*	Ⅰ 区，TOP Journal, 13.903（2019）	2016, 10: 8564-8570	Chirality-discriminated conductivity of metal-amino acid biocoordination polymer nanowires	郑建忠
2	*Advanced Functional Materials*	Ⅰ 区，TOP Journal, 15.621（2019）	2014, 24(45): 7133-7138	Water-soluble and lowly-toxic sulphur quantum dots	陈德建
3	*Applied Catalysis B*	Ⅰ 区，TOP Journal, 14.229（2019）	2014, 160-161: 279-285	Fabrication of positively and negatively charged, double-shelled, nanostructured hollow spheres for photodegradation of cationic and anionic aromatic pollutants under sunlight irradiation	蔡家柏
4	*Applied Catalysis B*	Ⅰ 区，TOP Journal, 14.229（2019）	2017, 201: 12-21	Controllable location of Au nanoparticles as cocatalyst onto $TiO_2@CeO_2$ nanocomposite hollow spheres for enhancing photocatalytic activity	蔡家柏
5	*Small*	Ⅰ 区，TOP Journal, 10.856（2019）	2015, 4: 420-425	Monodisperse hollow spheres with sandwich heterostructured shells as high-performance catalysts via an extended SiO_2 template method	陈杰
6	*ACS Applied Materials & Interfaces*	Ⅰ 区，TOP Journal, 8.456（2019）	2015, 7(6): 3764-3772	Synergistic effect of double-shelled and sandwiched $TiO_2@Au@C$ hollow spheres with enhanced visible-light-driven photocatalytic activity	蔡家柏

续表

序号	期刊	分区及影响因子	发表时间，卷（期）：页码	论文题目	研究生
7	Nanoscale	Ⅰ区, TOP Journal, 6.97（2019）	2019, 11: 8950-8958	In situ construction of hollow carbon spheres with N, Co, and Fe co-doping as electrochemical sensors for simultaneous determination of dihydroxybenzene isomers	杨辉
8	Nanoscale	Ⅰ区, TOP Journal, 6.97（2019）	2014, 6(23): 14254-14261	Ascorbic acid surface modified TiO_2-thin layers as a fully integrated analysis system for visual simultaneous detection of organophosphorus pesticides	梁文杰
9	Nanoscale	Ⅰ区, TOP Journal, 6.97（2019）	2013, 5(24): 12150-12155	Double-shell anatase-rutile TiO_2 hollow spheres with the enhanced photocatalytic activity	陈杰
10	Nanoscale	Ⅰ区, TOP Journal, 6.97（2019）	2013, 5(23): 11718-11724	Yolk-shell hybrid nanoparticles with magnetic and pH- sensitive properties for controlled anticancer drug delivery	郑建忠
11	Journal of Power Sources	Ⅰ区, TOP Journal, 7.467（2019）	2016, 311: 137-143	Porous Fe-N$_x$/C hybrid derived from bi-metal organic frameworks as high efficient electrocatalyst for oxygen reduction reaction	吴艺津
12	Analytical Chemistry	Ⅰ区, TOP Journal, 6.35（2019）	2014, 86: 7079-7083	Constituting fully integrated visual analysis system for Cu(Ⅱ) on TiO_2/cellulose paper	林小凤
13	Journal of Hazardous Materials	Ⅰ区, TOP Journal, 7.65（2019）	2018, 346: 52-61	TiO_2@Pt@CeO_2 nanocomposite as a bifunctional catalyst for enhancingphoto-reduction of Cr (Ⅵ) and photo-oxidation of benzyl alcohol	蔡家柏
14	Journal of Hazardous Materials	Ⅰ区, TOP Journal, 7.65	2014, 268: 199-206	Risk assessment of nitrate and petroleum-derived hydrocarbon addition on Contricriba weissflogii biomass, lifetime, and nutritional value	刘凤娇
15	Journal of Hazardous Materials	Ⅰ区, TOP Journal, 7.65（2019）	2011, 189: 609-613	Determination of mercury and selenium in herbal medicines and hair by using a nanometer TiO_2-coated quartz tube atomizer and hydride generation atomic absorption spectrometry	蔡添寿
16	Sensors and Actuators B	Ⅰ区, TOP Journal, 6.393（2019）	2017, 249: 405-413	Copper nanoparticles modified nitrogen doped reduced grapheme oxide 3-D superstructure for simultaneous determination of dihydroxybenzene isomer	周海逢

序号	期刊	分区及影响因子	发表时间，卷（期）：页码	论文题目	研究生
17	*Sensors and Actuators B*	Ⅰ区, TOP Journal, 6.393（2019）	2016, 237: 487-494	Nitrogen-doped carbon spheres surface modified with *in situ* synthesized Au nanoparticles as electrochemical selective sensor for simultaneous detection of trace nitrophenol and dihydroxybenzene isomers	周海逢
18	*Sensors and Actuators B*	Ⅰ区, TOP Journal, 6.393（2019）	2016, 224: 48-54	Lysine surface modified $Fe_3O_4@SiO_2@TiO_2$ microspheres-based preconcentration and photocatalysis for in situ selective determination of nanomolar dissolved organic and inorganic phosphorus in seawater	梁文杰
19	*Sensors and Actuators B*	Ⅰ区, TOP Journal, 6.393（2019）	2016, 226: 500-505	Visible-light photoreduction, adsorption, matrix conversion and membrane separation for ultrasensitive chromium determination in natural Water by X-ray fluorescence	林小凤
20	*Sensors and Actuators B*	Ⅰ区, TOP Journal, 6.393（2019）	2013, 188: 280-285	A visible light assisted photocatalytic system for determination of chemical oxygen demand using 5-sulfosalicylic acid in situ surface modified titanium dioxide	蔡舒婕
21	*Aquatic Toxicology*	Ⅰ区, TOP Journal, 3.794（2019）	2014, 155: 269-274	Effect of coastal eutrophication on heavy metal bioaccumulation and oral bioavailability in the razor clam, *Sinonovacula constricta*	涂腾秀
22	*Aquatic Toxicology*	Ⅰ区, TOP Journal, 3.179（2019）	2014, 146: 76-81	Risk assessment of nitrate and oxytetracycline addition on coastal ecosystem functions	刘凤娇
23	*Journal of Agricultural and Food Chemistry*	Ⅰ区, TOP Journal, 3.571（2019）	2017, 65: 6282-6287	Biomimetic gastrointestinal tract functions for metal absorption assessment in edible plants: comparison with in vivo absorption	林路秀
24	*Journal of Agricultural and Food Chemistry*	Ⅰ区, TOP Journal, 3.571（2019）	2014, 62: 7050-7056	Influence of eutrophication on metal bioaccumulation and oral bioavailability in Oysters, *Crassostrea angulata*	陈丽惠

续表

序号	期刊	分区及影响因子	发表时间，卷（期）：页码	论文题目	研究生
25	*Journal of Agricultural and Food Chemistry*	Ⅰ区，TOP Journal, 3.571（2019）	2013, 61: 10599-10603	Influence of gastrointestinal digestion and edible plants combination on oral bioavailability of triterpene saponins, using biomimetic digestion and absorption system and determination by HPLC	牟洋
26	*Journal of Agricultural and Food Chemistry*	Ⅰ区，TOP Journal, 3.571（2019）	2013, 61(7): 1579-1584	Effect of the cp4-epsps gene on metal bioavailability in maize and soybean, using bionic gastrointestinal tract and determination by ICP-MS	陈丽惠
27	*Journal of Agricultural and Food Chemistry*	Ⅰ区，TOP Journal, 3.571（2019）	2012, 60: 11691-11695	Determination of zinc and copper in edible plants by nanometer silica coated-slotted quartz tube-flame atomic absorption spectrometry	蔡添寿
28	*Journal of Agricultural and Food Chemistry*	Ⅰ区，TOP Journal, 3.571（2019）	2011, 59(3): 822-828	Metal bioavailability and risk assessment from edible brown alga *Laminaria japonica*, using biomimetic digestion and absorption system and determination by ICP-MS	林路秀
29	*ACS Sustainable Chemistry & Engineering*	Ⅱ区，6.97（2019）	2016, 4(3): 1581-1590	Synthesis of $TiO_2@WO_3$/Au nanocomposite hollow spheres with controllable size and high visible-light-driven photocatalytic activity	蔡家柏
30	*Chemistry-An Asian Journal*	Ⅱ区，3.698（2019）	2013, 8: 694-699	Facile solvothermal strategy to construct core-shell $Al_2O_3@CuO$ submicrospheres with improved catalytic activity for CO oxidation	陈杰
31	*Dyes and Pigments*	Ⅱ区，4.018（2019）	2012, 95: 188-193	Self assembled TiO_2 with 5-sulfosalicylic acid for improvement its surface properties and photodegradation activity of dye	蔡舒婕
32	*Science of the Total Environment*	Ⅱ区，5.589（2019）	2016, 566-567: 1349-1354	Risk assessment of excessive CO_2 emission on diatom heavy metal consumption	刘凤娇
33	*Journal of Colloid and Interface Science*	Ⅱ区，6.361（2019）	2018, doi: https://doi.org/10.1016/j.jcis.2018.01.011	Noble metal sandwich-like $TiO_2@Pt@C_3N_4$ hollow spheres enhance photocatalytic performance	蔡家柏

序号	期刊	分区及影响因子	发表时间，卷（期）：页码	论文题目	研究生
34	*Journal of Colloid and Interface Science*	II区，6.361（2019）	2016, 469: 138-146	Au@Cu$_2$O stellated polytope with core-shelled nanostructure for high-performance adsorption and visible-light-driven photodegradation of cationic and anionic dyes	武雪晴 蔡家柏
35	*Journal of Colloid and Interface Science*	II区，6.361（2019）	2017, 490: 37-45	Influence of TiO$_2$ hollow sphere size on its photo-reduction activity for toxic Cr(VI) removal	蔡家柏 武雪晴
36	*Applied Surface Science*	II区，5.155（2019）	2018, 443: 603-612	Sandwich-like TiO$_2$@ZnO-based noble metal (Ag, Au, Pt, or Pd) for better photo-oxidation performance: Synergistic effect between noble metal and metal oxide phases	蔡家柏 武雪晴
37	*Chemosphere*	II区，TOP Journal, 5.108（2019）	2019, 237: 124430	Relationship between plankton-based β-carotene and biodegradable adaptablity to petroleum-derived hydrocarbon	刘凤娇
38	*Chemosphere*	II区，TOP Journal, 5.108（2019）	2016, 147: 105-113	Effect of nitrate enrichment and diatoms on the bioavailability of Fe(III) oxyhydroxide colloids in seawater	刘凤娇
39	*Chemosphere*	II区，TOP Journal, 5.108（2019）	2013, 9: 1486-1494	Effects of nitrate addition and iron speciation on trace element transfer in coastal food webs under phosphate and iron enrichment	刘凤娇
40	*Talanta*	II区，4.916（2019）	2019, 201: 82-89	Construction of a turn off-on fluorescent nanosensor for cholesterol based on fluorescence resonance energy transfer and competitive host-guest recognition	李跃海
41	*Talanta*	II区，4.916（2019）	2018, 180: 352-357	Constituting fully integrated colorimetric analysis system for Fe(III) on multifunctional nitrogen-doped MoO$_3$/cellulose paper	林帆
42	*Food Research International*	II区，3.579（2019）	2013, 53: 174-179	Effect of edible plants combination on mineral bioaccessibility and bioavailability, using *in vitro* digestion and liposome-affinity extraction	邱雅青
43	*Microchimica Acta*	III区，5.479（2019）	2018, doi: 10.1007/s0060 4-017-2655-8	Highly crystalline graphitic carbon nitride quantum dots as a fluorescent probe for detection of Fe(III) via an innner filter effect	李跃海 陈乙平

续表

序号	期刊	分区及影响因子	发表时间，卷（期）：页码	论文题目	研究生
44	*Microchimica Acta*	III区, 5.479（2019）	2014, 181: 1513-1519	Titanium dioxide nanoparticle based solid phase extraction of trace Alizarin Violet, followed by its specrophotometric determination	梁文杰 陈乙平
45	*Microchimica Acta*	III区, 5.479（2019）	2010, 171: 11-16	Sensitivity enhancement using nanometer silica particles on the surface of a quartz cell in mercury and selenium determination by vapor generation atomic absorption spectrometry	蔡添寿
46	*Scientific Reports*	III区, 4.011（2019）	2017, 7:14985	Self-template synthesis of biomass-derived 3D hierarchical N-doped porous carbon for simultaneous determination of dihydroxybenzene isomers	陈德建
47	*Scientific Reports*	III区, 4.011（2019）	2016, 6:21694	Effect of excessive CO_2 on physiological functions in coastal diatom	刘凤娇
48	*Scientific Reports*	III区, 4.011（2019）	2016, 6:20335	Nanospherical like reduced graphene oxide decorated TiO_2 nanoparticles: an advanced catalyst for the hydrogen evolution reaction	陈德建
49	*New Journal of Chemistry*	III区, 3.069（2019）	2017, 41(5): 2081-2089	Uniformly distributed and *in situ* iron-nitrogen co-doped porous carbon derived from pork liver for rapid and simultaneous detection of dopamine, uric acid, and paracetamol in human blood serum	周海逢
50	*Microchemical Journal*	III区, 3.2016（2019）	2019, 147: 1038-1047	Nitrogen and sulfur co-doped carbon dots synthesis via one step hydrothermal carbonization of green alga and their multifunctional applications	李跃海
51	*RSC Advances*	III区, 3.049（2019）	2016, 6: 45023-4503	Polycrystalline iron oxide nanoparticles prepared by C-dots-mediated aggregation and reduction for supercapacitor application	陈德建
52	*RSC Advances*	III区, 3.049（2019）	2015, 5: 73333-73339	Unique lead adsorption behavior of ions sieves in pellet-like reduced graphene oxide	陈德建
53	*RSC Advances*	III区, 3.049（2019）	2016, 6: 9002-9006	An integrated system for field analysis of Cd(II) and Pb(II) via preconcentration using nano-TiO_2/ cellulose paper composite and subsequent detection with a portable X-ray fluorescence spectrometer	林小凤
54	*RSC Advances*	III区, 3.049（2019）	2014, 4: 30605-30609	Synthesis of carbon quantum dot-surface modified P25 nanocomposites for photocatalytic degradation of *p*-nitrophenol and acid violet 43	王振华

序号	期刊	分区及影响因子	发表时间，卷（期）：页码	论文题目	研究生
55	*Phytochemical Analysis*	III区，0.984（2019）	2010, 21(6): 590-596	Speciation analysis, bioavailability and risk assessment of trace metals in herbal decoctions using a combined technique of *in vitro* digestion and biomembrane filtration as sample pretreatment method	林路秀
56	*Analytical Methods*	III区，2.379（2019）	2016, 8: 632-636	Water soluble sulphur quantum dots for selective Ag$^+$ sensing based on the ion aggregation-induced photoluminescence enhancement	陈德建
57	*Analytical Methods*	III区，2.379（2019）	2013, 5: 6480-6485	Spectrophotometric determination of trace *p*-nitrophenol enriched by 1-hydroxy-2-naphthoic acid-modified nanometer TiO$_2$ in water	林小凤 陈乙平
58	分析化学	0.931（2019）	2019, 47(5): 748-755	大肠杆菌一步水热法制备氮掺杂碳量子点及其在铁离子检测中应用	林烨
59	分析化学	0.931（2019）	2010, 38(11): 1634-1638	纳米二氧化钛富集-分光光度法测定水体中痕量5-磺基水杨酸	陈乙平
60	分析化学	0.931（2019）	2010, 38(6): 823- 827	应用体外仿生模型分析海藻水煎液中微量金属的形态和生物可给性	林路秀
61	光谱学与光谱分析	0.434（2019）	2013, 33(11): 3075-3078	仿生技术在转基因大豆中镍形态分析和生物可给性评价中的应用	陈丽惠

6.3.2 "菜单式"自主涉猎应用研究领域，增强硕士研究生就业与深造竞争力

硕士研究生在"三种教学资源"中采取"菜单式"自主深入学习，与博士研究生培养单位和用人单位协同培养，实现硕士研究生成才的无缝对接。10年来，经过"学—研—产""产—学—研""产—研—学"生态循环培养，学术性与职业性并进，学术和实践应用双能力显著提高，能攻读博士研究生，从事技术研发与管理、高校教学与学生管理、政府职能部门管理工作等。

部分毕业的硕士研究生在中国科学院福建物质结构研究所、青蛙王子日化有限公司（上市公司）、漳州市古雷港经济开发区等知名企事业单位就业；部分毕业

的硕士研究生选择继续攻读博士研究生,其中有的获国家级一流大学"申请-考核"选拔博士研究生入学资格。硕士研究生就业率 100%(含升学率 25%)(以 24 名毕业研究生统计),就业与博士培养单位回馈良好。

石油化工及其下游产业(精细化工)是闽南,特别是漳州的支柱产业,行业发展需要化学类应用型硕士研究生,行业污染监测与控制需要分析化学、环境化学学科背景的应用型硕士研究生,从而带动高校对化学学科教师和辅导员的需求。

从就业(含升学)行业和区域分布图(图 6-2)可知,项目组培养的化学类应用型硕士研究生既满足学生个性需求,反映硕士研究生的多样成长,又满足闽南区域经济社会发展需求,从而有效吸引不同籍贯学生将就业区域选择在闽南、漳州,即较好吻合"地方行业发展与硕士研究生多样成长"双向需求。

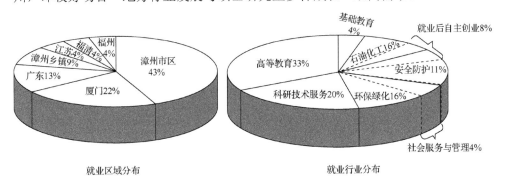

就业区域分布　　　　　　　　　　　就业行业分布

图 6-2　硕士研究生就业区域分布、就业行业分布情况

6.3.3　多学科融合"校所企"协同培养,提高学生创新实践能力

硕士研究生培养时,既遵循研究生教育一般规律,又充分考虑应用型硕士研究生教育的特点,注重学术理论与应用实践的有机结合,突出案例分析研究。依托"校所企"开展实践应用教学,使硕士研究生对前瞻性、先进性、典型性、综合性和学科交叉性的科研成果有更深入的了解,硕士研究生在校内外实践基地进行应用研究,直接参与科技创新、社会实践,提高了专业素养和实践创新能力。

硕士研究生申请国家级科研项目、发明专利显著。硕士研究生在"三类课题"

中采取"菜单式"实践应用研究，研究生创新、综合、应用能力得到明显提升，有的毕业硕士研究生可以运用硕士期间研究成果获批国家自然科学基金青年项目，这在国内地方高校是不多见的，证明了研究生的创新性、综合性科学研究能力得到了提升。通过"校所企"协同培养，硕士研究生先后获得 6 项发明专利授权（表 6-3），说明硕士研究生具备熟练用科学技术知识来解决生产、服务、管理等一线实际问题，发展了自身的原创性、实践性科学研究能力。

表 6-3 硕士研究生获得发明专利授权一览表（2011~2019)

序号	专利名称	专利号	授权时间	研究生
1	一种浮游植物细胞内外活性氧的检测方法	ZL201710130625.3	2019.07	刘凤娇
2	一种血清中胆固醇的检测方法	201811304853.9	2018.11	李跃海
3	一种检测浮游植物对铜配合物生物可利用性的方法	ZL201710131006.6	2017.07	刘凤娇
4	一种油溶性硫系半导体量子点的水溶化方法	201710600697.X	2017.07	陈德建
5	一种油水界面法合成硫量子点的方法	ZL201310613465.X	2013.11	陈德建
6	一种快速分离、测定水中有机磷农药的方法	ZL201310316225.3	2013.07	梁文杰
7	一种快速测定环境水样中化学需氧量的方法	ZL201210259009.5	2013.01	蔡舒婕

参 考 文 献

白榕. 2008. 论研究生评价的问题及实践取向. 教育与职业, (32): 45-47

李顺兴, 杨妙霞. 2017. 地方高校专业硕士协同培养模式探究. 中国大学教学, (3): 43-46

刘凡丰. 2014. 跨学科研究的组织与管理. 上海: 复旦大学出版社

邱均平, 韩雷. 2018. 双一流背景下 ESI 在研究生评价中的创新性应用. 甘肃社会科学, (2): 113-118

孙洋洋. 2011. 当今研究生评价存在的问题与对策思考. 中国电力教育, (26): 59-60

汤晓蒙, 詹春燕. 2010. 我国研究生教育质量评价发展研究. 高教探索, (5): 5-9

熊玲, 李忠. 2010. 全日制专业学位硕士研究生教学质量保障体系的构建. 学位与研究生教育, (8): 4-8

周彬, 霍莉. 2008. 研究生培养机制改革条件下研究生评价的辩证思考. 学位与研究生教育, (增刊): 26-29

第7章 闽南师范大学化学类硕士研究生培养质量调查

7.1 背 景 介 绍

地方高校硕士研究生培养质量是高等教育领域质量工程重要组成部分,涉及硕士研究生个人切身利益,关乎经济社会创新发展。闽南师范大学作为一所地方高校,自 2007 年始,率先构建"校所企"协同培养化学类应用型硕士研究生体系,服务"化学相关地方行业发展与硕士研究生多样成长"双向需求,扎实推进硕士研究生培养供给侧改革,突显应用型人才特征,实现差异化办学,补齐地方院校硕士研究生培养短板。

7.2 调查方案与实施

7.2.1 调查目的

为了解我校化学类应用型硕士毕业生"校所企"协同培养质量状况,掌握硕士毕业生、就业单位、升学培养单位对我校化学类应用型硕士研究生的人才培养质量、培养满意度、能力匹配度等方面的评价与反馈,进一步提升化学类应用型硕士研究生人才培养质量,增强化学类应用型硕士研究生的应用能力、科研能力,促进我校化学类应用型硕士研究生培养"服务区域经济社会发展、个体多样化成长"双向需求培养目标,委托闽南师范大学商学院调查与数据研究中心对2010～2017 届化学类应用型硕士毕业生进行基本调查,对我校化学类应用型硕士毕业生、其他省属重点本科院校、"985"重点院校、"211"重点院校已毕业的化学类硕士就读期间学习经历进行对照调查,收集就业单位与升学培养单位反馈、评价信息。此次调查的目的有以下几点。

（1）了解我校 2010～2017 届化学类应用型硕士毕业生就业、升学基本状况。

（2）了解我校化学类应用型硕士毕业生硕士就读期间学习情况与其他省属重点本科院校、"985"重点院校、"211"重点院校已毕业的化学类硕士就读期间学习经历以及对当前就业或升学现状影响进行比较的状况。

（3）了解就业单位负责人对化学类应用型硕士毕业生的应用能力评价及与其他同类地方高校硕士研究生相比应用能力反馈状况。

（4）了解升学培养单位博士研究生导师对化学类应用型硕士毕业生的科研能力评价及与其他同类地方高校硕士研究生相比科研能力反馈状况。

7.2.2　调查方案

1. 调查对象

（1）闽南师范大学 2010～2017 届化学类应用型硕士毕业生。

（2）闽南师范大学 2010～2017 届化学类应用型硕士毕业生就业单位负责人。

（3）闽南师范大学 2010～2017 届化学类应用型硕士毕业生升学培养单位博士研究生导师。

（4）与我校化学类应用型硕士毕业生同一就业（或博士培养）单位或者相似就业（或博士培养）单位的其他省属重点本科院校、"985"重点院校、"211"重点院校已毕业的化学类硕士毕业生。

2. 调研方法

闽南师范大学委托闽南师范大学商学院调查与数据研究中心，利用网络平台，在 2017 年 11 月对调查对象在网络上进行问卷调查。

3. 数据收集方法

闽南师范大学商学院调查与数据研究中心通过网络平台结合电话、微信等通信设备邀请我校化学类应用型硕士毕业生与其他省属重点本科院校、"985"重点院校、"211"重点院校化学类硕士毕业生填答《关于地方高校全日制化学类应用型硕士研究生就业与升学能力调查问卷（毕业生卷）》，邀请我校 2010～2017 届化学类应用型硕士毕业生就业单位负责人填答《关于地方高校全日制化学类应用型硕士研究生应用能力调查问卷（就业单位卷）》，邀请我校 2010～2017 届化学类应用型硕士毕业生升学培养单位博士研究生导师填答《关于地方高校全日制化学类应用型硕士研究生科研能力调查问卷（博导卷）》，在网络平台上收集完调查数据后由闽南师范大学商学院调查与数据研究中心处理调查数据。

7.2.3　调查样本情况

调查从 2017 年 11 月 08 日开始，持续到 2017 年 11 月 26 日，历时 18 天，共收到《关于地方高校全日制化学类应用型硕士研究生就业与升学能力调查问卷（毕业生卷）》401 份，其中有效问卷 381 份，有效率为 95.0%；收到《关于地方高校全日制化学类应用型硕士研究生应用能力调查问卷（就业单位卷）》34 份（平均每单位 2 名负责人参与调查），其中有效问卷 34 份，有效率为 100%；收到《关于地方高校全日制化学类应用型硕士研究生科研能力调查问卷（博导卷）》6 份（我校化学类应用型 6 名硕士毕业生博士培养单位博士研究生导师均参与调查），其中有效问卷 6 份，有效率为 100%。本调查报告的所有统计数据均由网络平台后端数据统计生成。表 7-1 给出了参与调查的我校化学类应用型硕士毕业生（以李顺兴教授率领的项目组硕士毕业生为例）与其他省属重点本科院校、"985"重点院校、"211"重点院校化学类硕士毕业生各种有效样本分布情况。

表 7-1　按学校类型划分的参与调查化学类硕士毕业生有效样本分布

学校类型 样本分布	调查总数	无效问卷	有效样本
闽南师范大学	21	0	21
"985"重点院校	118	6	112
"211"重点院校	117	9	108
其他省属重点本科院校	145	5	140

7.3　毕业生就业、升学基本情况及分析

7.3.1　硕士毕业生就业、升学基本情况

近年来，闽南师范大学李顺兴教授率领的项目组"校所企"协同培养化学类应用型硕士毕业生（以下简称我校化学类应用型硕士毕业生）就业、升学结构基本稳定，截至 2017 年 12 月 31 日，共有 8 届硕士毕业生，总计 21 人，年度就业、升学率保持在 100%。

我校化学类应用型硕士毕业生就业、升学流向（表 7-2）主要是落实单位就业（17 人，81.0%）、升学（4 人，19.0%）、就业后升学（2 人，9.5%）和就业后自主创业（1 人，4.8%）。

表 7-2　我校化学类应用型硕士毕业生就业、升学情况

毕业时间（年份）　　就业、升学情况	2010	2011	2012	2013	2014	2015	2016	2017
毕业生总数	2	1	2	6	2	3	3	2
就业人数	2	1	2	5	2	2	1	2
升学人数				1		1	2	
就业后升学或创业				1	1	1		

7.3.2　硕士毕业生就业、升学质量分析

1. 硕士毕业生就业情况

1）硕士毕业生签约单位性质

从签约单位性质看（图 7-1），我校化学类应用型硕士毕业生签约单位依次是事业单位、科研院所、党政机关和民营企业，最期望签约的单位性质依次是科研院所、事业单位、国有企业。

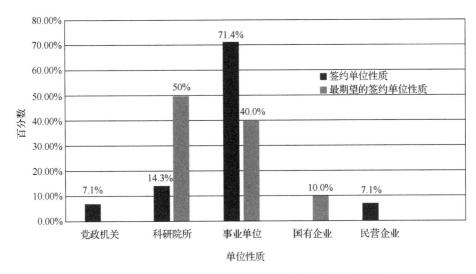

图 7-1　我校化学类应用型硕士毕业生签约单位性质流向（百分数）

2）硕士毕业生签约单位行业

从签约单位行业看（图 7-2），我校化学类应用型硕士毕业生签约所涉行业较为广泛，从事最多的行业是高等教育（33%），还包括基础教育（4%）、科研技术服务（20%）、环保绿化（16%）（其中，环保绿化行业中从事社会服务与管理工作的占 4%）、石油化工（16%）、安全防护（11%）。在新兴产业方面，调查得知，

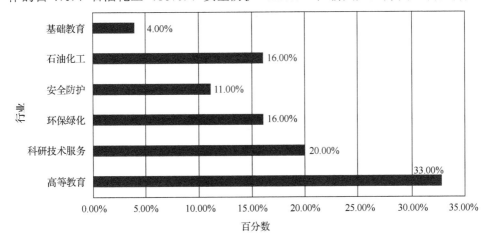

图 7-2　我校化学类应用型硕士毕业生签约单位行业流向（百分数）

硕士毕业生所在的工作单位主要属于节能环保产业、新材料产业、生物产业三大新兴产业。

3）硕士毕业生签约单位地区

从签约单位地区看（图 7-3），我校化学类应用型硕士毕业生到漳州市区、厦门市区就近就业的占比例最高，其他主要流向广东、漳州乡镇、福州、福清及江苏，这与我校所在区域、经济社会发展、生源结构等有密切关系。

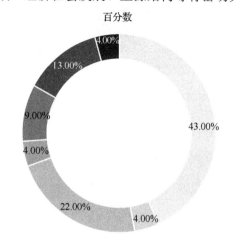

百分数

图 7-3　我校化学类应用型硕士毕业生签约地区流向（百分数）

4）自主创业情况

我校化学类应用型硕士毕业生中，有 1 人短暂就业后，因家庭原因选择回湖北老家自主创业，创业行业选择环境监测与评价。

2. 硕士毕业生升学情况

我校化学类应用型硕士毕业生中（表 7-3），有 6 人先后选择升学攻读博士研究生，占比 28.6%。升学的主要去向为国家"985""211"重点院校。其中，攻读厦门大学博士研究生中有 1 人选择继续攻读博士后。

表 7-3　我校化学类应用型硕士毕业生升学流向

培养单位（院校）	人数	攻读学位等级
厦门大学	2	博士研究生
厦门大学	1	博士研究生、博士后
苏州大学	1	博士研究生
汕头大学	1	博士研究生
江南大学	1	博士研究生

7.4　化学类应用型毕业生硕士期间
学习反馈及评价情况和分析

我校化学类应用型毕业生硕士期间学习经历、质量的反馈及评价主要通过对我校化学类应用型硕士毕业生、其他省属重点本科院校、"985"重点院校、"211"重点院校已毕业的化学类硕士就读期间学习经历调查后进行对比与分析，对就业单位负责人和升学培养单位博士研究生导师进行调研，收集反馈及评价信息。

7.4.1　化学类应用型毕业生硕士期间学习情况分析

我校化学类应用型毕业生硕士期间学习情况通过与上述三类型其他高等院校化学类硕士毕业生对比分析来呈现。分析结构方面，主要就调查对象在硕士就读期间的学习情况对当前就业或升学现状的影响进行比较分析，从能力匹配度、兴趣满意度、区域经济吻合度、课程学习情况、课题项目参与、科研论文发表、实习实践研究、导师团队指导、学位论文评价、硕士专业满意度十方面进行对比呈现。

1. 硕士毕业生应用、研究能力匹配度情况对比分析

调查显示（图 7-4）：①我校化学类应用型 64.00% 的硕士毕业生表示硕士期间培养的应用能力、研究能力与当前就业单位或博士培养单位的要求"比较匹配"，

其他省属重点本科院校、"211"重点院校、"985"重点院校认为"比较匹配"的占比分别为45.50%、42.40%、40.20%，可以看出，我校化学类应用型硕士毕业生占比最高；②从"非常匹配"层面来看，我校化学类应用型硕士毕业生认为"非常匹配"的占20.00%，仅次于"985"重点院校占比的22.20%，其他省属重点本科院校、"211"重点院校分别占4.50%、18.20%，其他省属重点本科院校硕士毕业生认为非常匹配度最低；③其他省属重点本科院校硕士毕业生认为"基本匹配"占比最高，为50.00%。

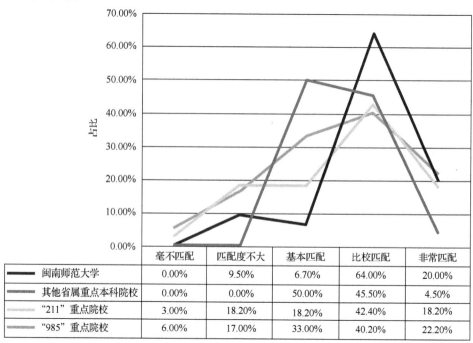

	毫不匹配	匹配度不大	基本匹配	比较匹配	非常匹配
闽南师范大学	0.00%	9.50%	6.70%	64.00%	20.00%
其他省属重点本科院校	0.00%	0.00%	50.00%	45.50%	4.50%
"211"重点院校	3.00%	18.20%	18.20%	42.40%	18.20%
"985"重点院校	6.00%	17.00%	33.00%	40.20%	22.20%

图7-4　我校与其他三类型高等院校部分化学类硕士毕业生
应用、研究能力与自身现状匹配度情况对比

2. 硕士毕业生职业、研究兴趣满意度情况对比分析

在研究兴趣满意度调查中（图7-5）：①我校、其他省属重点本科院校、"211"重点院校、"985"重点院校四类型高等院校的调查占比均集中在"基本满意""比较满意"两选项中，两者总和占比最高的为我校化学类应用型硕士毕业生（91.70%），其他分别为89.00%、77.10%、55.50%；②我校化学类应用型硕士毕业生"比较满意"占 47.00%，仅次于"211"重点院校的 51.40%；③"基本满意"选项中我校化学类应用型硕士毕业生为 44.70%、其他省属重点本科院校化学类硕士毕业生占 45.50%、"211"重点院校化学类硕士毕业生占 25.70%、"985"重点院校化学类硕士毕业生占 33.30%；④从"不太满意"角度来看，我校化学类应用型硕士毕业生在"不太满意"中占比最小，为 1.60%，其他省属重点本科院校化学类硕士毕业生为 6.50%、"211"重点院校和"985"重点院校化学类硕士毕业生分别为 11.40%和 11.10%；⑤"非常满意"占比最高的为"985"重点院校化学类硕士毕业生 22.20%，调查中得知，这与"985"重点院校毕业生在就业、升学中选择权占优势有关。

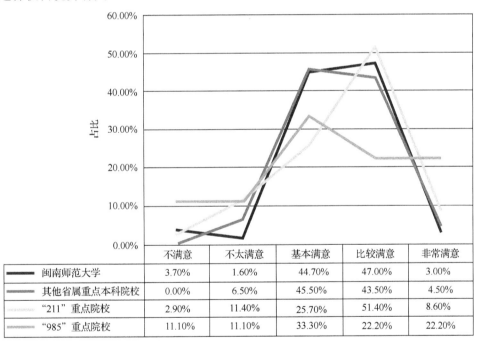

	不满意	不太满意	基本满意	比较满意	非常满意
闽南师范大学	3.70%	1.60%	44.70%	47.00%	3.00%
其他省属重点本科院校	0.00%	6.50%	45.50%	43.50%	4.50%
"211"重点院校	2.90%	11.40%	25.70%	51.40%	8.60%
"985"重点院校	11.10%	11.10%	33.30%	22.20%	22.20%

图 7-5　我校与其他三类型高等院校部分化学类硕士毕业生研究兴趣、
工作满意度情况对比

3. 毕业生所读硕士专业与区域经济吻合度情况对比分析

调查显示（图 7-6）：①硕士毕业生认为所读硕士专业与区域经济社会发展吻合度良好的比例高低依次为：我校化学类应用型硕士毕业生 52.90%、其他省属重点本科院校化学类硕士毕业生 48.00%、"211"重点院校 40.00%、"985"重点院校 28.60%；②硕士毕业生认为吻合度"很好"的占比分别为我校 5.90%、其他省属重点本科院校 0.00%、"211"重点院校 12.00%、"985"重点院校 7.10%；③从认为吻合度"较差"角度来看，我校 5.90%、其他省属重点本科院校 28.60%、"211"重点院校 4.00%、"985"重点院校 7.10%。相对来说，我校化学类应用型硕士毕业生所读硕士专业比较契合区域经济社会发展，吻合度良好。

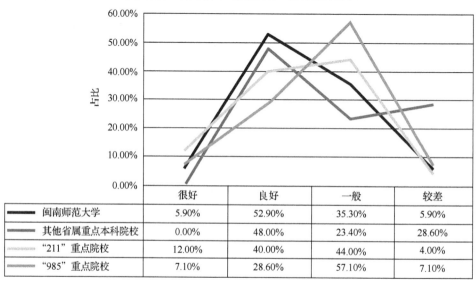

	很好	良好	一般	较差
闽南师范大学	5.90%	52.90%	35.30%	5.90%
其他省属重点本科院校	0.00%	48.00%	23.40%	28.60%
"211"重点院校	12.00%	40.00%	44.00%	4.00%
"985"重点院校	7.10%	28.60%	57.10%	7.10%

图 7-6　我校与其他三类型高等院校部分化学类硕士毕业生对
所读硕士专业与区域经济吻合度认识对比

4. 毕业生攻读硕士期间课程学习情况对比分析

1）毕业生对攻读硕士期间课程结构的认识

调查显示（图 7-7），四类型高等院校化学类硕士毕业生对攻读硕士期间课程结构均认为存在以下共性问题：学科理论课程过多而实际应用操作课程过少、学术性课程过多而技术管理类课程过少、基础性课程过多而学科前沿发展类课程过少、学科理论课程过多而科学研究方法类课程过少。相对来说，我校化学类应用型硕士毕业生认为课程结构存在上述问题的占比最低，分别为 35.00%、17.60%、60.60%、15.90%。

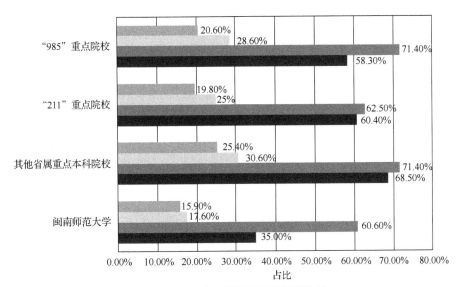

图 7-7　我校与其他三类型高等院校部分化学类硕士毕业生对
攻读硕士期间课程结构的认识对比

2）毕业生对攻读硕士期间课程设计的认识

调查显示（表 7-4）：①在注重应用基础理论方面，行业企业专家参与设计专业课程体系，我校占比最高 70.00%，其他三类高等院校占比依次为："211"重点院校 59.70%、"985"重点院校 35.70%、其他省属重点本科院校 35.40%；②在所学课程与企事业单位实践要求紧密联系方面，我校化学类应用型硕士毕业生 82.90%表示认可，"211"重点院校化学类硕士毕业生 44.40%、其他省属重点本科院校化学类硕士毕业生 35.70%、"985"重点院校 34.30%的化学类硕士毕业生认可所学课程与企事业单位实践要求联系紧密。

表 7-4　我校与其他三类型高等院校在培养化学类硕士研究生时的现实情况对比

学校类型 涉及内容	闽南师范 大学	其他省属重点 本科院校	"211"重点 院校	"985"重点 院校
教师是否"理论型"	80.20%	81.40%	48.10%	62.90%
教师是否成果多、评价高	70.60%	63.60%	81.50%	78.60%

续表

涉及内容 ＼ 学校类型	闽南师范大学	其他省属重点本科院校	"211"重点院校	"985"重点院校
行业企业专家是否参与设计课程	70.00%	35.40%	59.70%	35.70%
专业课程是否紧跟时代发展	81.60%	75.70%	88.90%	81.40%
课程是否紧密联系企事业单位	82.90%	35.70%	44.40%	34.30%
是否去企事业单位实验室研究	80.60%	35.70%	63.00%	57.10%
是否去校外知名实验室开展研究	82.40%	50.00%	81.50%	71.40%
是否参与校企合作研发项目	86.40%	78.70%	80.50%	74.60%
是否指导本科生创新、创业项目	94.10%	82.90%	85.20%	85.70%
是否参与国家级纵向课题研究	100.00%	71.40%	81.50%	64.30%
是否有外校知名导师指导科研	82.40%	28.60%	81.50%	42.90%
是否有行业专家指导实践研究	64.10%	28.60%	40.70%	21.40%
实验室设备是否先进、齐全	58.80%	51.40%	82.60%	84.30%

5. 毕业生攻读硕士期间参与课题项目情况对比分析

1）硕士研究生攻读硕士期间参与国家级课题数量对比

调查显示（图7-8），我校较注重硕士研究生参与国家级课题的深入研究，参与国家级课题的占比率最高为 94.10%，其他三类型高等院校均在 65.00% 以下。①攻读硕士期间参与 2 个以上国家级课题的占比高低依次为：我校化学类应用型

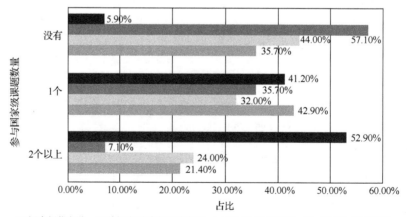

图 7-8　我校与其他三类型高等院校部分化学类毕业生硕士期间参与国家级课题数量对比

硕士毕业生 52.90%、"211"重点院校化学类硕士毕业生为 24.00%、"985"重点院校化学类硕士毕业生 21.40%、其他省属重点本科院校化学类硕士毕业生 7.10%；②攻读硕士期间我校化学类应用型硕士毕业生参与 1 个国家级课题的占比 41.20%，仅次于"985"重点院校 42.90%，其他省属重点本科院校为 35.70%，"211"重点院校为 32.00%；③没有参与过国家级课题占比最高的为其他省属重点本科院校 57.10%，我校为最低 5.90%。

2）毕业生攻读硕士期间指导本科生创新、创业项目情况对比分析

调查显示（表 7-4），我校较注重培养硕士研究生创新、创业能力的发展，鼓励硕士研究生参与并指导本科生开展创新、创业项目。四类型高等院校化学类毕业生硕士期间指导本科生创新、创业项目占比高低依次分别为：我校 94.10%、"985"重点院校 85.70%、"211"重点院校为 85.20%、其他省属重点本科院校 82.90%。

3）毕业生攻读硕士期间参与校企合作研发项目情况对比分析

在参与校企合作研发项目的调查中（表 7-4），我校重视硕士研究生参与校企合作研发项目，培养硕士研究生的应用能力，在四类型高等院校化学类毕业生硕士期间参与校企合作研发项目中占比最高 86.40%，其余三类型高等院校占比分别为："211"重点院校为 80.50%、其他省属重点本科院校 78.70%、"985"重点院校 74.60%。

6. 毕业生攻读硕士期间发表科研论文情况对比分析

调查显示（图 7-9），相比其他三类型高等院校化学类硕士毕业生，我校化学类应用型硕士毕业生在攻读硕士期间发表 SCI 收录论文数量表现出很强的优势。

（1）发表 5 篇以上 SCI 收录论文的有：我校占比 11.80%、"985"重点院校占比 7.10%，其他省属重点本科院校、"211"重点院校均为 0.00%。

（2）对于发表 3～4 篇 SCI 收录论文来说，我校占比最高为 22.60%、其他省属重点本科院校占比 19.40%、"985"重点院校占比 14.30%、"211"重点院校占比 4.00%。

（3）发表 2 篇 SCI 收录论文比例为我校 17.60%、其他省属重点本科院校

28.60%、"211"重点院校占比16.00%、"985"重点院校占比14.30%。

（4）发表1篇SCI收录论文比例高低依次为：我校35.30%、其他省属重点本科院校23.00%、"211"重点院校占比48.00%、"985"重点院校占比21.40%。

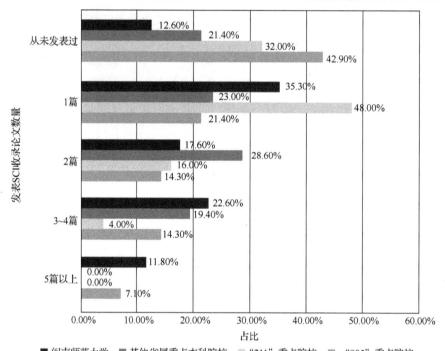

图7-9　我校与其他三类型高等院校部分化学类毕业生

硕士期间发表SCI收录论文数量对比

1）毕业生攻读硕士期间发表SCI收录Ⅰ区论文情况对比分析

调查显示（图7-10）：①发表SCI收录Ⅰ区论文1篇占比最高的为我校35.00%，其他省属重点本科院校、"211"重点院校、"985"重点院校依次为21.00%、16.00%、14.30%；②统计数据显示，发表SCI收录Ⅰ区论文2篇的仅有我校17.60%；③发表SCI收录Ⅰ区论文3~4篇的有我校、"211"重点院校、"985"重点院校，占比分别为5.90%、4.00%、7.10%；④发表SCI收录Ⅰ区论文5篇以上的仅有"985"重点院校，占比7.10%，调查中得知，调查对象为北京大学等著名高等院校的硕士毕业生；⑤SCI收录Ⅰ区论文从未发表占比最高的为其他省属重点本科院校。

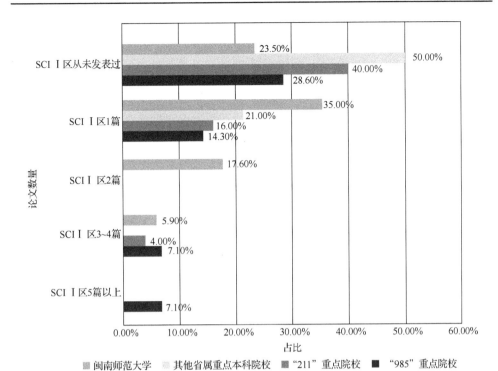

图 7-10　我校与其他三类型高等院校部分化学类毕业生硕士期间发表 SCI
Ⅰ区收录论文数量对比

2）毕业生攻读硕士期间发表 SCI 收录Ⅱ区论文情况对比分析

调查显示（图 7-11）：①发表 SCI 收录Ⅱ区 3～4 篇论文的仅有我校 5.90%；②发表 SCI 收录Ⅱ区论文 2 篇的占比分别为"985"重点院校 7.10%、我校 5.90%、"211"重点院校 4.00%、其他省属重点本科院校 0.00%；③发表 SCI 收录Ⅱ区论文 1 篇占比最高的为其他省属重点本科院校 50.00%。

7. 毕业生对攻读硕士期间外出实践情况的认识对比分析

1）毕业生对攻读硕士学校实验室硬件环境的认识对比分析

调查显示（表 7-4）：硕士毕业生对攻读硕士学校实验室硬件环境的认可程度，"985"重点院校和"211"重点院校要明显高于我校、其他省属重点本科院校，这说明地方高校实验室硬件环境存在劣势。四类型高等院校化学类硕士毕业生对学校实验室硬件环境先进、齐全认可程度占比分别为:"985"重点院校 84.30%、"211"重点院校 82.60%、我校 58.80%、其他省属重点本科院校 51.40%。

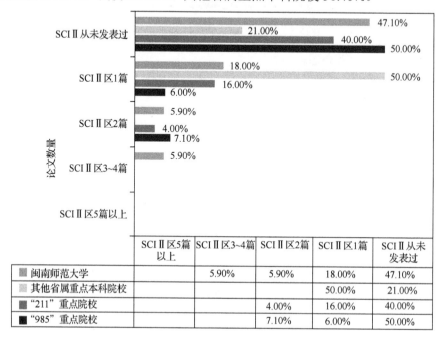

	SCI II区5篇以上	SCI II区3~4篇	SCI II区2篇	SCI II区1篇	SCI II从未发表过
闽南师范大学		5.90%	5.90%	18.00%	47.10%
其他省属重点本科院校				50.00%	21.00%
"211"重点院校			4.00%	16.00%	40.00%
"985"重点院校			7.10%	6.00%	50.00%

图 7-11 我校与其他三类型高等院校部分化学类毕业生硕士期间
发表 SCI II区收录论文数量对比

2)毕业生攻读硕士期间去国家级科研院所或重点大学开展研究时间对比

调查显示(图 7-12),我校在培养硕士研究生时,采取送硕士研究生去国家级科研院所或重点大学提升研究能力已经成规模,在四类型高等院校对比中占比最高且外出时间占比最长。

(1)外出半年及以上时间占比分别为:我校 79.10%、"211"重点院校 48.20%、"985"重点院校 36.00%、其他省属重点本科院校 34.60%。

(2)"985"重点院校、"211"重点院校在学生有机会外出学习的前提下,外出时间选择较多,主要有:1 个月以内、1~2 个月、2~3 个月、3~5 个月、半年及以上。

(3)从总的外出机会比例来看,我校:"211"重点院校:"985"重点院校:其他省属重点本科院校=18:10:16:13。

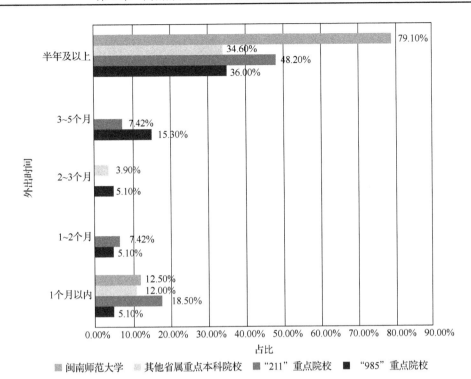

图 7-12　我校与其他三类型高等院校部分化学类毕业生攻读硕士期间
去国家级科研院所或重点大学开展研究时间对比

3）毕业生攻读硕士期间去企事业单位专业实验室开展研究时间对比

调查显示（图 7-13）：①四类型高等院校在培养化学类硕士研究生时，均有采取送硕士研究生去企事业单位专业实验室开展研究，但并不是每一位硕士研究生均有机会，四类型高等院校外出机会比例为：我校："211"重点院校："985"重点院校：其他省属重点本科院校=12：10：8：7；②外出半年及以上时间占比分别为：我校 35.00%、"211"重点院校 17.20%、"985"重点院校 16.70%、其他省属重点本科院校 14.10%。从中可以看出，我校在对比中占比最高且外出时间占比最长。

8. 毕业生对攻读硕士期间导师指导团队情况的认识对比分析

在毕业生攻读硕士研究生期间导师指导团队的调查中（表 7-4）：①认为攻读硕士学校教师有"理论型"教师多，工程型、技能型少结构性紧缺现象占比居多的为我校 80.20%和其他省属重点本科院校 81.40%，这说明地方高校实践型教师紧缺是一种普遍现象；②四类型高等院校化学类硕士毕业生认为攻读硕士学校教师获得教学、科技开发、社会服务的成果多、水平高，学生满意，社会评价好的占比高低依次为"211"重点院校 81.50%、"985"重点院校 78.60%、我校 70.60%、其他省属重点本科院校 63.60%；③在是否有国家级科研院所或重点大学的知名导师指导科研方面，四类型高等院校占比依次为我校 82.40%、"211"重点院校 81.50%、"985"重点院校 42.90%、其他省属重点本科院校 28.60%；④在企事业单位行业专家指导实践研究方面，四类型高等院校占比依次为我校 64.10%、"211"重点院校 40.70%、其他省属重点本科院校 28.60%、"985"重点院校 21.40%。

上述分析中可以看出，地方高校存在的"理论型"教师居多、实践型教师紧缺等现象，我校采取请国家级科研院所或重点大学的知名导师、企事业单位行业专家指导硕士研究生来解决现实问题的占比最高。

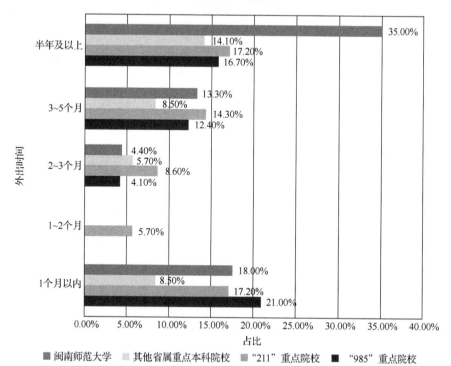

图 7-13　我校与其他三类型高等院校部分化学类毕业生硕士期间
去企事业单位专业实验室开展研究时间对比

9. 毕业生对攻读硕士期间学位论文研究的认识对比分析

1）毕业生攻读硕士期间学位论文选题来源对比

调查显示（图7-14）：①四类型高等院校化学类毕业生在攻读硕士期间学位论文选题上，导师教研课题居多，占比分别为我校60.60%、其他省属重点本科院校71.40%、"211"重点院校62.50%、"985"重点院校71.40%；②硕士研究生本人教研课题占比分别为我校17.60%、其他省属重点本科院校28.60%、"211"重点院校25.00%、"985"重点院校28.60%；③我校化学类应用型硕士研究生与其他三类型高等院校化学类硕士研究生相比，在选题来源上更为广泛，还涉及本人技术实践经历、地方经济改革与发展需要等产生的选题。

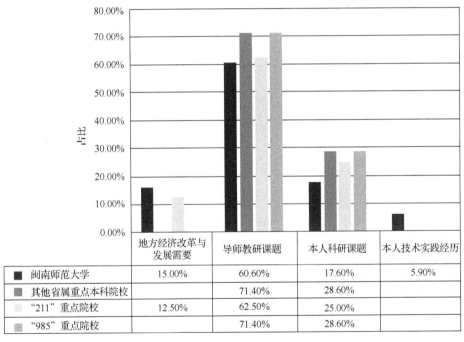

	地方经济改革与发展需要	导师教研课题	本人科研课题	本人技术实践经历
■ 闽南师范大学	15.00%	60.60%	17.60%	5.90%
■ 其他省属重点本科院校		71.40%	28.60%	
"211"重点院校	12.50%	62.50%	25.00%	
"985"重点院校		71.40%	28.60%	

图7-14　我校与其他三类型高等院校部分化学类毕业生攻读硕士
期间学位论文选题来源对比

2）毕业生攻读硕士期间学位论文研究类别对比

调查显示（图7-15）：四类型高等院校在学位论文研究类别方面，主要有学科基础理论方面、技术实践方面、学科基础理论方面与应用实践相结合三方面。

（1）在学科基础理论方面，其他省属重点本科院校占比最高。占比分别为：我校 23.50%、其他省属重点本科院校 57.10%、"211"重点院校 40.00%、"985"重点院校 35.70%。

（2）在技术实践方面，"211"重点院校占比最高，占比分别为："211"重点院校 24.00%、其他省属重点本科院校 21.40%、我校 16.50%、"985"重点院校 14.30%。

（3）在学科基础理论方面与应用实践相结合方面，我校占比最高，学位论文偏应用理论实践。占比分别为：我校 60.00%、"985"重点院校 50.00%、"211"重点院校 36.00%、其他省属重点本科院校 21.40%。

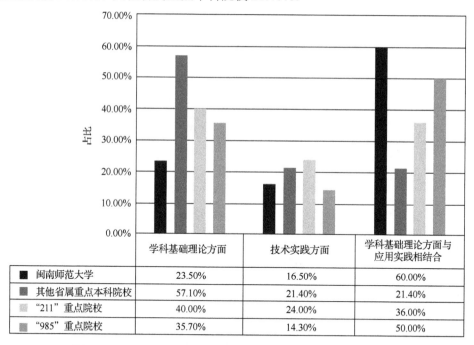

	学科基础理论方面	技术实践方面	学科基础理论方面与应用实践相结合
■ 闽南师范大学	23.50%	16.50%	60.00%
■ 其他省属重点本科院校	57.10%	21.40%	21.40%
□ "211"重点院校	40.00%	24.00%	36.00%
▨ "985"重点院校	35.70%	14.30%	50.00%

图 7-15　我校与其他三类型高等院校部分化学类毕业生攻读硕士
期间学位论文研究类别对比

10. 硕士毕业生对所攻读的硕士专业满意度情况对比分析

在对硕士专业满意度调查（图 7-16）中发现硕士毕业生对所读专业总体上比较满意。

（1）我校、其他省属重点本科院校、"211"重点院校、"985"重点院校四类型高等院校的调查占比均集中在"肯定会再读""可能会再读"两选项中，两者总和占比最高的为我校94.10%，其他分别为85.70%、76.00%、78.60%。

（2）从"不太符合个人学习需要，可能不会再读"角度来看，我校占比为0.00%，其他占比依次为：其他省属重点本科院校14.30%、"211"重点院校12.00%、"985"重点院校21.40%。

（3）在"完全不符合个人学习需要，不会再读"选项中，我校占比5.90%，"211"重点院校12.00%，调查得知，这与个人的发展意愿以及学习兴趣等有关。

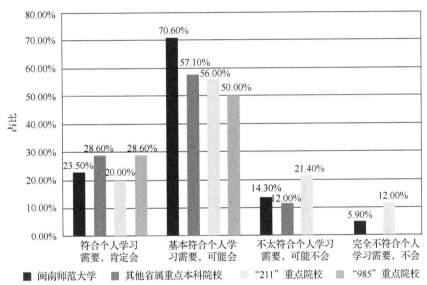

图 7-16　我校与其他三类型高等院校部分化学类毕业生对所攻读硕士专业满意度对比

7.4.2　博士培养单位对我校化学类应用型硕士毕业生科研能力反馈评价

为了收集毕业生科研能力反馈信息，我们对 6 名硕士毕业生升学培养单位 6 名博士研究生导师进行了调研，反馈评价信息如下（表 7-5、表 7-6）。

（1）我校硕士毕业生升学培养单位的博士研究生导师，认为该生硕士期间研究方向与博士期间研究方向相关度较大，我校毕业生独立进行科学研究的程度很好（50%）或良好（50%）。

（2）认为我校硕士毕业生擅长从事基础研究（33%）或应用基础研究（67%），

进行应用基础研究时，硕士毕业生在应用设计能力（50%）、应用实施能力（100%）、试验调试能力（100%）方面较好，在批判创新能力（50%）方面表现不足。

（3）认为硕士毕业生在科学研究过程中，搜集和分析科学信息能力（100%）、提出科学问题能力（100%）、熟练运用基本实验技术完成实验方案能力（67%）较好，独立针对科学问题提出假说并设计出解决方案的能力（33%）和科学论文独立写作能力（33%）有待加强。

（4）在指导我校已毕业化学类硕士研究生期间，觉得他们受硕士阶段学习影响程度最大的是专业知识（100%）、科研能力（100%）、治学态度（83%）、学习能力（100%）、创新能力（33%），欠缺的是创新能力（67%）和表达交往能力（33%）。

表 7-5　博士研究生导师对我校化学类应用型硕士毕业生科研能力反馈信息

选择率　　　　类别　　程度	掌握较好	掌握较差
应用研究能力	应用设计能力（50%）； 应用实施能力（100%）； 试验调试能力（100%）	批判创新能力（50%）
科学研究能力	搜集和分析科学信息能力（100%）； 提出科学问题能力（100%）； 熟练运用基本实验技术完成实验方案能力（67%）	独立针对科学问题提出假说并设计出解决方案的能力（33%）； 科学论文独立写作能力（33%）
受硕士学习影响程度	专业知识（100%）； 科研能力（100%）； 治学态度（83%）； 学习能力（100%）； 创新能力（33%）	创新能力（67%）； 表达交往能力（33%）

（5）与其他同类地方高校硕士研究生相比，觉得我校化学类应用型硕士毕业生知识结构方面学科基础理论知识（100%）、实际应用操作知识（100%）、应用基础理论知识（100%）、科学研究方法类知识（50%）较好，在技术管理知识（30%）、学科前沿发展类知识（50%）、科学研究方法类知识（33.3%）方面欠缺。

（6）与其他同类地方高校硕士研究生相比，觉得我校化学类应用型硕士毕业

生科研能力方面动手能力（100%）、交流能力（33.3%）、逻辑思维能力（50%）
较好，科研的创新能力（50%）、英文写作能力（30%）较差。

表 7-6　与其他同类地方高校硕士毕业生比，博士研究生导师对我校化学类
应用型硕士毕业生科研能力反馈信息

类别　　程度　选择率	掌握较好	掌握较差
知识结构	学科基础理论知识（100%）；实际应用操作知识（100%）；应用基础理论知识（100%）；科学研究方法类知识（50%）	技术管理知识（30%）；学科前沿发展类知识（50%）；科学研究方法类知识（33.3%）
科学研究能力	科研能力方面动手能力（100%）；交流能力（33.3%）；逻辑思维能力（50%）	科研的创新能力（50%）；英文写作能力（30%）

在访谈调查中，博士研究生导师们提出了各自的建议与观点，有的博士研究
生导师认为我校在"培养化学类硕士研究生方面很全面，很多地方值得他们学习"；
有的博士研究生导师希望，硕士毕业生能够更有想法、激情，思路能够更清晰，
要更勤奋努力；有的博士研究生导师建议硕士毕业生能够热爱研究工作，做到独
立发表 SCI 研究论文。

7.4.3　就业单位对我校化学类应用型硕士毕业生应用能力反馈评价

为了收集毕业生应用能力反馈信息，我们对 17 名硕士毕业生就业单位
34 名单位负责人（平均每单位 2 名负责人参与调查）进行了一对一调研，反
馈评价信息如下（表 7-7）：

（1）都属于硕士毕业生工作单位部门直接负责人，①认为毕业生能很快
（29.4%）、比较快（53%）、一般（18%）进入工作角色；②他们非常满意（35.3%）、
比较满意（47%）、一般认可（17.6%）硕士毕业生的工作能力；③在硕士所
学专业与其单位工作的相关程度方面，认为非常相关（29.4%）、比较相关
（35.3%）、基本相关（23.5%）、关联性不大（11.2%）。

（2）在基本处事能力方面，就业单位负责人认为毕业生清晰的表达和沟通能力（94%）、专业知识技能（88.2%）、团队合作能力（94%）、解决复杂问题的能力（64.7%）、专业发展能力（58.8%）、人际交往能力（100%）、敬业精神（76.5%）掌握较好，创新能力（47%）、批判性思考能力（52.9%）、外语交流能力（52.9%）掌握较差。

表7-7　就业单位负责人对我校化学类应用型硕士毕业生应用能力反馈信息

选择率　　类别　　程度	掌握较好	掌握较差
基本处事能力	清晰的表达和沟通能力（94%）； 专业知识技能（88.2%）； 团队合作能力（94%）； 解决复杂问题的能力（64.7%）； 专业发展能力（58.8%）； 人际交往能力（100%）； 敬业精神（76.5%）	创新能力（47%）； 批判性思考能力（52.9%）； 外语交流能力（52.9%）
理论水平	从事应用开发、设计、技术管理等所需的自然与社会科学基础知识（94%）； 本专业原理与技术等理论知识（94%）； 专业领域技术标准（82%）；实际应用操作知识（82%）	生产、设计、研究与开发相关政策与法律法规（47%）； 实际应用操作知识（18%）
实践能力	设计、开展实验，并分析实验结果（82%）； 信息搜索、评价与整合（94%）； 解决项目实际问题（82%）； 在多学科协同工作中发挥作用（59%）	设计与开发以满足需求（35.3%）； 在多学科协同工作中发挥作用（41%）
科学研究能力	搜集和分析科学信息能力（100%）； 提出科学问题能力（76.5%）； 针对科学问题提出假说并设计出解决方案的能力（70.6%）； 熟练运用基本实验技术完成实验方案能力（76.5%）	阐述结论的科学意义能力（41%）； 科学论文写作能力（35.3%）
应用实践能力	应用设计能力（70.6%）； 应用实施能力（76.5%）； 应用控制能力（82.4%）； 发现问题能力（88.2%）； 沟通协作能力（76.5%）； 文档梳理能力（35.3%）	应用设计能力（17.6%）； 批判创新能力（41%）； 文档梳理能力（23.5%）

（3）在理论水平掌握程度方面，就业单位负责人认为毕业生从事应用开发、设计、技术管理等所需的自然与社会科学基础知识（94%）、本专业原理与技术等理论知识（94%）、专业领域技术标准（82%）、实际应用操作知识（82%）较好，生产、设计、研究与开发相关政策与法律法规（47%）、实际应用操作知识（18%）较欠缺。

（4）在实践能力掌握程度方面，就业单位负责人认为毕业生设计、开展实验，并分析实验结果（82%）、信息搜索、评价与整合（94%）、解决项目实际问题（82%）、在多学科协同工作中发挥作用（59%）掌握较好，设计与开发以满足需求（35.3%）；在多学科协同工作中发挥作用（41%）较弱。

（5）就业单位负责人认为在科学研究过程中，毕业生搜集和分析科学信息能力（100%）、提出科学问题能力（76.5%）、针对科学问题提出假说并设计出解决方案的能力（70.6%）、熟练运用基本实验技术完成实验方案能力（76.5%）较好，阐述结论的科学意义能力（41%）、科学论文写作能力（35.3%）较差。

（6）在从事应用基础研究时，应用设计能力（70.6%）、应用实施能力（76.5%）、应用控制能力（82.4%）、发现问题能力（88.2%）、沟通协作能力（76.5%）、文档梳理能力（35.3%）等应用实践能力掌握较好，应用设计能力（17.6%）、批判创新能力（41%）、文档梳理能力（23.5%）掌握较差。

在访谈调查中，就业单位负责人们对毕业生的工作能力、工作态度等给予了充分的肯定，同时也给出了一些工作建议，希望毕业生创新能力更强，能够给工作单位提出建设性意见，以便促进工作单位行业发展。

7.5　调查结论

通过对我校化学类应用型硕士毕业生基本情况调查，并对我校、其他省属重点本科院校、"985"重点院校、"211"重点院校已毕业的化学类硕士就读期间学习经历调查后进行对比与分析，对就业单位负责人和升学培养单位博士研究生导师进行调研，收集反馈及评价信息，得出我校化学类应用型硕士毕业生在应用能力、研究能力等方面成效突出。

（1）我校化学类应用型硕士毕业生就业、升学结构基本稳定，年度就业、升学率保持在 100%，签约单位行业较为广泛，主要集中在教育行业、科研文体业和环保绿化，签约单位地区主要集中在周边区域经济生态圈内。

（2）与其他三类型高等院校化学类硕士毕业生相比，我校化学类应用型硕士毕业生反馈信息主要有：①应用、研究能力与自身工作、升学现状"比较匹配"度最高；②研究兴趣、工作满意度情况总体较好，仅次于"211"重点院校已毕业的化学类硕士研究生；③对所读硕士专业与区域经济吻合满意度总体较好，仅次于"985"重点院校已毕业的化学类硕士研究生；④对硕士期间课程结构的认识上，我校化学类应用型硕士毕业生认为课程注重应用基础理论，与企事业单位实践要求联系紧密的占比最高；⑤我校化学类应用型硕士毕业生攻读硕士期间从参与国家级课题数量、指导本科生创新创业项目情况、参与校企合作研发项目情况方面来说总体居高；⑥在积极参与各类课题项目的情况下，我校化学类应用型硕士毕业生在发表 SCI 收录论文方面尤其突出，毕业生攻读硕士期间发表 SCI I 区、II 区论文占比最高，发表 SCI I 区 3~4 篇仅次于"985"重点院校；⑦在"校所企"协同培养方面，无论从到国家级科研院所或重点大学开展研究时间还是从去企事业单位专业实验室开展研究时间来说，我校化学类应用型硕士毕业生攻读硕士期间外出时间半年以上占比最高；⑧我校化学类应用型硕士毕业生学位论文选题来源较广泛，学位论文研究类别较注重学科基础理论方面与应用实践相结合方面。

（3）就业单位和升学培养单位对我校化学类应用型硕士毕业生的反馈总体评价较好，希望在创新能力以及独立开展研究方面有所突破。

7.6　化学类应用型硕士研究生培养主要特色和经验做法

7.6.1　"一改三建"落实应用型人才培养工作机制

2007 年以来，我们围绕培养化学类应用型人才为研究生教育改革发展战略目标，着眼于服务区域经济社会发展和满足硕士研究生多样成长需求，以加强关键领域和薄弱环节为重点，改革人才培养体系政策，构建"校所企"协同培育平台，创建兴趣激励引导学生发展氛围，建立模块投入机制保障学生参与，"一改三建"成效显著，人才培养质量不断提高，学生应用、科研能力不断增强。

1. 改革推动，将研究生教育定位为应用型人才培养

面对地方高校硕士培养单位同质化倾向明显、科研创新能力与实践应用能力未有效融合、培养资源短缺、不能与优质教学资源共享、培养质量评价模式单一、学生个体需求多样化不能保障等培养瓶颈问题，经济社会发展深度调整需要创新人才等社会问题，闽南师范大学化学类硕士点，在借鉴国际办学理念，深入落实我国"十二五"教育规划倡导增强研究生教育的结构适应性，"十三五"研究生教育规划提倡"服务需求、提高质量"的发展理念下，历经多方论证，提出"校所企"协同培养应用型硕士研究生的办学理念。实现校所协同、校企协同、科研创新与实践应用双能力协同、学生发展与社会需求协同。

2. 地域联合，构建共享优质教学资源培育平台

打造"校所企"协同培育平台，将硕士研究生科研创新能力和实践应用能力有机整合。"校所企"协同培育平台主要由国家级高水平科研院所或国家级一流大学、漳州企事业单位、闽南师范大学三方组成。继 2007 年与漳州市环境监测企事业单位合作之后，于 2011 年 5 月与国家级高水平科研院所签订合作培养研究生协议，拓展我校导师团队材料化学研究能力和研究生培养资源，标志着我校应用型研究生"校所企"协同培养体系确立，项目进入推广应用阶段，2013 年再与国家级一流大学合作，增强我校团队在环境化学、海洋化学领域研究生培养能力，与漳州市特色行业企业合作，提升研究生药物化学领域的应用实践及管理能力。

3. 尊重学生，创建兴趣激励引导学生科研氛围

为充分激发研究生从事科学研究和实践创新的积极性、主动性，寓教于研，鼓励学生参与三类课题（应用基础型、科技开发型、大学生创新创业项目），担

任三种角色（硕士研究生、项目技术人员、本科生导师助理），获得三种成效（学术论文、发明专利、科研项目）相互联系、相互促进，形成良性循环。

应用基础型课题主要由国家级高水平科研院所研究员博士研究生导师主持的科技部"973"计划项目、国家自然科学基金面上项目、国家自然科学基金重大研究计划子项目，国家级一流大学教授博士研究生导师主持的南方海洋中心项目、国家自然科学基金重点项目、国家重点基础研究发展规划（"973"子项目）、国家自然科学基金面上项目，闽南师范大学李顺兴教授的国家自然科学基金青年项目、国家自然科学基金面上项目、教育部新世纪优秀人才支持项目、福建省杰出青年基金项目等8位博（硕）士研究生导师的20项国家级课题、2项省级项目组成；科技开发型课题主要由福建省联盛纸业有限责任公司委托我校教授主持的福建省联盛纸业有限责任公司污染源在线自动监测仪器比对监测项目、漳州市环保局委托我校教授主持的废旧家电资源再生利用评估项目，厦门市吉龙德环境工程有限公司委托我校副教授主持的厦门市吉龙德环境工程有限公司污染源在线自动监测仪器比对监测项目等36项区域经济技术开发项目组成；指导大学生创新创业训练计划项目主要由我校教授指导的国家级项目碳量子点在微藻对海洋酸化适应性研究中的应用等3项国家级、5项省级、2项校级课题组成。

4. 模块投入，建立全方位供给机制保障学生参与

以服务闽南经济建设发展为导向，以"化学一级学科硕士点"、福建省化学类研究生教育创新基地、"现代分离分析科学与技术"福建省重点实验室和高校科技创新团队、"福建省化学重点一级学科"、福建省"分析化学"重点学科为依托，充分挖掘闽南师范大学与国家级科研院所或重点大学、企事业单位三类实践资源，创建模块化教学课程、科研平台、实践平台三大模块来满足"服务区域社会发展和学生多样性成长双向需求"的应用型人才培养定位，模块化教学课程包括学术课程群（学科基础知识、学科发展前沿、区域发展相关学科特色校本课程）、职业课程群（技能培训和专业实践）、应用基础课程群（技术研发、

研究成果应用及转化）、管理课程群（行业及人力资源管理）；科研平台项目包括
应用基础型、科技开发型、大学生创新创业项目三大课题，实践平台包括"校
所企"三类中的软硬件实践资源，最后，以"管办评"分离评价来保障学生参
与实践的学习与研究效果。

7.6.2　"四个实现"全力促进创新研究、应用实践能力培养

1. 实现科研竞争力提升

1）学位论文选题注重学科前沿探索与应用研究并重

自 2007 级起，改革学位论文选题传统做法，聚焦分析化学、生命科学、环境
科学、药物科学等学科前沿和区域产业关键共性技术需求交叉领域，科学研究与
技术研发并重。

2）发表科研论文影响因子高

自 2007 级起至 2016 级，李顺兴教授率领的项目组培养 24 名研究生在 *ACS
Nano*、*Advanced Functional Materials* 等 SCI 收录期刊发表论文 61 篇；人均发表
SCI 收录论文 2.54 篇、影响因子 13.029；篇均影响因子 5.126。

2. 实现就业考博竞争力增强

在"三种教学资源"中采取"菜单式"自主学习，10 年来，经"学-研-产"
"产-学-研""产-研-学"生态循环培养，学术和实践应用双能力显著提高。2010 级、
2012 级 3 名硕士研究生分获国家奖学金。

毕业生在中国科学院福建物质结构研究所、青蛙王子日化有限公司（上市公
司）、漳州市古雷港经济开发区等知名企事业单位就业；6 名毕业生攻读博士研究
生。研究生就业率 100%（含升学率 25%）（以 24 名毕业研究生统计），就业与培
养单位满意度高。

3. 实现创新实践能力提高

在"菜单式三类课题"自主选择学科基础和技术开发兼备研究内容，学生创新、综合、应用能力得到提升。2013 年毕业硕士研究生应用硕士期间研究成果获批国家自然科学基金青年项目，这在国内地方高校不多见。研究成果获发明专利授权 6 项。

4. 实现引领和辐射效果显著

该成果面向社会，以生为本，集"基础性、应用性、实践性、创新性、前沿性、协同性"于一体，首先获得本学科 4 名教授认可实践，进而推广到本校其他一级学科硕士点，该成果对国内外地方高校硕士研究生教育改革具有积极参考价值。多所兄弟院校交流参考并应用该协同培养体系。该成果获教育部化学专业教学指导分委员会主任、《21 世纪化学类专业研究生教育成果与展望》第一作者、厦门大学郑兰荪院士为主评人的专家组高度肯定。

参 考 文 献

白冰. 2008. 北京高校硕士研究生就业问题研究. 北京: 首都经济贸易大学

黄正夫. 2014. 基于协同创新的全日制教育硕士培养模式研究. 重庆: 西南大学

李锋亮, 马永红, 付新宇. 2017. 培养模式对工程硕士就业的影响. 学位与研究生教育, (1): 56-60

李清贤. 2015. 理工科硕士生就业质量研究. 北京: 北京科技大学

刘建龙, 曾美玲. 2017. 基于职业胜任力的硕士研究生就业能力培养. 中国冶金教育, (2): 54-56

刘莹. 2013. 高校毕业生就业流动的社会分层研究. 厦门: 厦门大学

孙泽厚. 2002. 高等教育发展进程中高校毕业生就业问题研究. 上海: 华东师范大学

王连洋, 乔杨, 辛勤, 等. 2017. 地方高校硕士研究生就业教育问题及对策研究. 中国管理信息化, 20(6): 216-217

王婷, 王欢. 2016. 市场导向的专业学位硕士就业素质培养策略研究报告. 北京城市学院学报, (4): 75-80

向亚琳. 2017. 硕士研究生就业期望与就业价值取向研究. 上海: 华东师范大学

谢治菊, 李小勇. 2017. 硕士研究生科研水平及其对就业的影响. 复旦教育论坛, 15(1): 62-69

邢娟. 2015. 校企合作提高全日制工程硕士学位研究生就业竞争力研究. 东营: 中国石油大学

张建斌, 屠远, 刘维平, 等. 2017. 工程硕士"实践—论文—就业—创新"四结合培养模式. 职教
    论坛, (8): 57-61

朱晓闻, 牛金中, 崔雪凡. 2017. 普通高等院校硕士研究生就业质量调查与分析. 现代商贸工业,
    (19): 73-78

附录 1 基于荧光内滤效应选择性检测 Fe(III)

1. 实际问题

生活中可以看到很多老旧生锈的铁制品被随意丢弃，甚至可以看到农村吃水的井上面盖着锈迹斑斑的铁架子。在雨水冲刷下铁锈进入水体中会不会造成铁污染？

2. 科学问题

在没有大型仪器的情况下，我们如何快速、便捷、可靠地检测水体中铁离子浓度呢？我们该如何通过多学科交叉融合，设计 Fe^{3+} 浓度检测方案？

3. 提出假说

我们通过"水环境化学"知道天然地表水体中的铁主要以 Fe^{3+} 形式存在；通过"分析化学"可知荧光探针具有检测选择性好、灵敏度高、响应速度快、操作简单等特点，通过"纳米材料科学"可得非金属、无毒性（严格讲是低毒性）量子点（如碳、硫、碳化氮、石墨烯）具有"制备简便，尺寸效应独特、激发光谱宽、成分依赖的荧光发射、发射谱带窄且可调、发射波长可调、量子产率高、化学稳定性强、抗光漂白、生物相容性好、易修饰、对外界响应敏感且易于测量"等特性。无毒量子点荧光探针测定金属离子近年来成为研究热点。

我们设想应用"荧光光谱学"原理，基于荧光内滤效应（被测物吸收荧光的激发光和/或发射光，引起荧光强度减弱）对 Fe^{3+} 进行检测，据此制备新型非金属、无毒性、具有特定荧光性能的量子点（附图 1-1）。

4. 设计实验方案

首先测定 Fe^{3+} 紫外-可见吸收峰，然后制备荧光激发/发射峰与之一致的碳化氮量子点，利用荧光内滤效应测定 Fe^{3+} 的浓度，达到快速简便测定的目的。

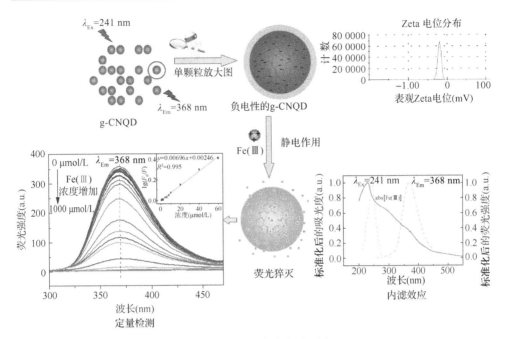

附图 1-1　荧光内滤效应原理图示

5. 实验过程

1）实验试剂及仪器

三聚氰胺[$C_3N_3(NH_2)_3$]，购买于国药集团化学试剂有限公司；乙醇（C_2H_5OH）、异丙醇[$(CH_3)_2CHOH$]、硝酸（HNO_3）、$Cu(NO_3)_2$、$Zn(NO_3)_2$、$Pb(NO_3)_2$、$Mg(NO_3)_2$、$Co(NO_3)_2$、$FeCl_2$、$CdCl_3$、$Ni(NO_3)_2$、$Al(NO_3)_3$、$Fe(NO_3)_3$、$MnCl_2$、$HgCl_2$、$CrCl_3$、$K_2Cr_2O_7$、NaCl、$NaNO_3$ 和 Na_3PO_4 均购买于西陇化工股份有限公司；$AgNO_3$ 购买于上海申博化工有限公司，以上所有药品都为分析纯，不再经任何纯化处理。实验用水均为电阻率大于或等于 18.2 MΩ·cm 的超纯水，由 Millipore-Q 超纯水机（美国 Millipore 公司）制备。

BS 124S 电子天平（北京赛多利斯仪器系统有限公司）；KS/L200X 型箱式炉（合肥科晶材料技术有限公司）；KQ-250B 型超声波清洗器（昆山市超声仪器有限公司）；HWC/L 型集热式恒温磁力搅拌器（郑州长城科工贸有限公司）；ROTINA 420 高速冷冻离心机（德国 Hettich 公司）；JEM-2100 场发射透射电子显微镜（日本 JEOL 公司）；Bruker Multimode 8 原子力显微镜（德国 Bruker 公司）；Thermo

Scientific Escalab 250Xi 型 X 射线光电子能谱仪（美国 Thermo Fisher Scientific 公司）；Nicolet iS5 傅里叶变换红外光谱仪（美国 Thermo Fisher Scientific 公司）；ZF-20D 型暗箱式紫外分析仪（上海市宝山顾村电光仪器厂）；Zetasizer Nano ZS90 纳米粒度及电位仪（英国 Malvern 公司）；UV-5800PC 型紫外-可见分光光度计（上海元析仪器有限公司）；Cary Eclipse 荧光分光光度计（美国 Agilent 公司）；Agilent 7500cx 电感耦合等离子体质谱仪（美国 Agilent 公司）。

2）实验原理及步骤

（1）g-CNQD 制备

空气气氛下，将 10 g 的三聚氰胺在氧化铝坩埚（加盖）中以 2.3℃/min 的速率加热至 600℃煅烧 2 h 得到 bulk g-C_3N_4。接着取 2 g 研磨过的 bulk g-C_3N_4 粉末在 225 mL 的 5 mol/L 的 HNO_3 水溶液中超声 4 h，然后将其置于圆底烧瓶中在 135℃下加热回流 12 h。待自然冷却后，将所得产物离心，去掉上清液，加入超纯水分散，离心，再加入超纯水分散，再离心，重复上述洗涤步骤至上清液呈中性。随着洗涤次数增加，产物大小越来越细，离心速度和时间从 8000 r/min、5min 相应增加至 10000 r/min、20 min。最终将得到的悬浮液转移至高压反应釜的聚四氟乙烯内衬中于 200℃下高温高压反应 12 h。待其自然冷却，将产物离心后取出所得固体并于适量超纯水中超声 4 h。随后将得到的溶液用 0.22 μm 滤膜过滤除去 g-C_3N_4 纳米片。滤液经冷冻干燥称量后再重新溶于水，得到已知浓度的 g-CNQD（附图 1-2）。

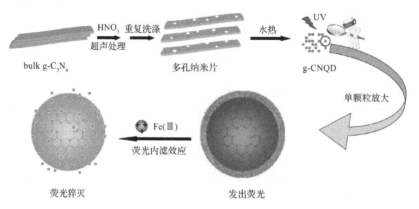

附图 1-2　制备方法及测定原理

（2）Fe^{3+}标准曲线建立

荧光测定实验在室温条件下进行。首先用 $Fe(NO_3)_3$ 配制 Fe^{3+} 标准储备液。g-CNQD 溶液（45 mg/L，1 mL）中分别加入不同量的 Fe^{3+} 标准储备液后用超纯水稀释至 3 mL，得到浓度为 0 μmol/L、0.2 μmol/L、0.4 μmol/L、0.6 μmol/L、1 μmol/L、2 μmol/L、4 μmol/L、6 μmol/L、8 μmol/L、10 μmol/L、20 μmol/L、40 μmol/L、60 μmol/L、80 μmol/L、100 μmol/L、200 μmol/L，400 μmol/L、600 μmol/L、800 μmol/L、1000 μmol/L 的 Fe^{3+} 标准溶液，室温下反应 1 min 后，在 241 nm 荧光激发下分别测定发射峰 368 nm 处的荧光强度。以 $lg(F_0/F)$ 对不同 Fe^{3+} 浓度做线性拟合（F_0 为不加 Fe^{3+} 的荧光发射峰强度，F 对应加入不同 Fe^{3+} 浓度的荧光发射峰强度），得到标准曲线方程式和相关系数 R 的平方。

国际纯粹和应用化学联合会（IUPAC）规定：检出限以浓度（或质量）表示，由特定的分析步骤能合理地检测出的最小分析信号 LOD 求得的最低浓度（或质量）。可用下式计算：

$$LOD=3\S/S \qquad\qquad 附式（1-1）$$

式中，$\S$ 为空白样品多次测量的标准偏差，空白测定次数必须 20 次及以上；S 为该方法的灵敏度（即该方法建立的标准曲线的斜率）。

（3）水样的采集和预处理

实际样品包括闽南师范大学校园内湖水、九龙江水和台湾海峡（22.65°N，118.82°E）的海水。水样用 0.22 μm 滤膜过滤后加入到 g-CNQD 溶液中，其最终浓度被稀释 10 倍后进行荧光测定，采取加标回收实验。所有实验在室温下重复三次。

3）实验结果分析

我们尝试很多纳米材料，最后制备出粒径小（平均粒径 3.0 nm）、结晶度高、亲水性的石墨相氮化碳量子点（g-CNQD，附图 1-3），其荧光激发/发射峰在紫外光区域且与 Fe^{3+} 吸收光谱大部分重叠（附图 1-4），符合利用荧光内滤效应测定 Fe^{3+} 的设想。并利用负电性的 g-CNQD 与 Fe^{3+} 之间的静电作用，提高检测效率。

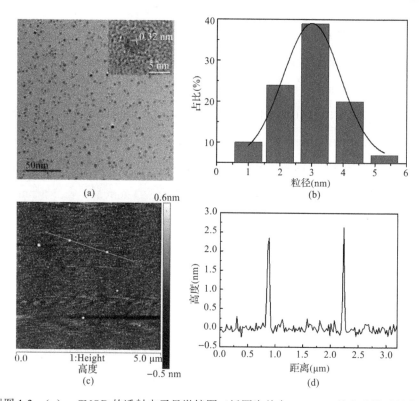

附图 1-3 （a）g-CNQD 的透射电子显微镜图（插图为单个 g-CNQD 的高分辨透射电子显微镜图）；（b）粒径分布直方图；（c）原子力显微镜图；（d）相应的 g-CNQD 粒子高度图

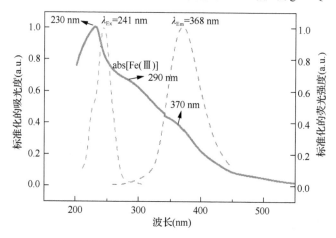

附图 1-4 Fe^{3+}紫外-可见吸收光谱和 g-CNQD 荧光激发/发射光谱

我们测定了 g-CNQD 对水中常见离子的荧光响应情况，只有 Fe^{3+} 引起 g-CNQD 荧光的显著变化（附图 1-5）。将荧光探针 g-CNQD 运用于实际生活中测定湖水、江水和海水中的 Fe^{3+} 浓度，实验测定结果和大型精准仪器 ICP-MS 测定结果相近（附表 1-1）。表明基于荧光内滤效应，运用荧光探针建立的方法可实现高选择性、快速地检测水体中的 Fe^{3+}。

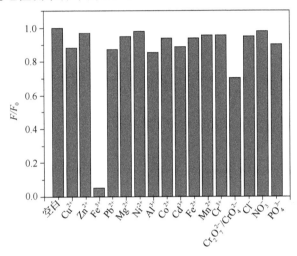

附图 1-5　g-CNQD 对不同金属阳离子和阴离子（0.5 mmol/L）的荧光响应情况，F_0 和 F 分别代表 g-CNQD 溶液中不存在和存在各离子下的荧光强度（λ_{Ex}=241 nm，λ_{Em}=368 nm）

附表 1-1　基于 g-CNQD 的荧光探针对实际水样中 Fe^{3+} 浓度的检测（n=3）

样品	加入（μmol/L）	检出（μmol/L）	回收率（%）	RSD（%）	ICP-MS 检出（μmol/L）
湖水	0	0.1320	—	4.8	0.1258±0.0030
	0.5	0.6400	101.6	3.5	0.6288±0.0092
	5.0	5.318	103.7	5.2	5.202±0.1050
	50	50.10	99.94	5.3	50.17±1.560
江水	0	0.2860	—	4.1	0.2814±0.0027
	0.5	0.8288	108.6	2.2	0.7851±0.0110
	5.0	5.356	101.4	1.9	5.280±0.1300
	50	50.04	99.51	4.2	50.29±1.960
海水	0	—	—	—	—
	0.5	0.4816	96.32	3.6	0.4902±0.0100
	5.0	5.068	101.4	3.5	5.025±0.0900
	50	51.62	103.2	5.0	50.02±2.080

如附图 1-6 所示，当 Fe^{3+} 浓度从 0 μmol/L 到 1000 μmol/L 逐渐增加时，g-CNQD 在 368 nm 处的荧光强度逐渐减小，在 Fe^{3+} 浓度为 0.2～60 μmol/L 范围内，荧光强度变化比值的 lg 函数与相应 Fe^{3+} 浓度呈良好的线性。当信噪比为 3（S/N=3）时，法检出限大约为 23.5 nmol/L。根据美国环保署规定，饮用水中 Fe^{3+} 最大浓度必须小于 5.357 μmol/L，说明基于 g-CNQD 构建的检测 Fe^{3+} 的方法具备足够高的灵敏度。

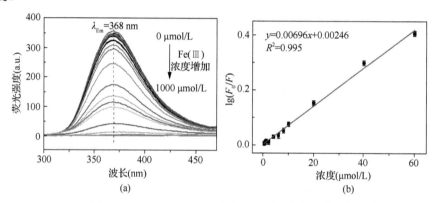

附图 1-6 （a）g-CNQD（15 mg/L）溶液对于不同浓度 Fe^{3+} 的荧光响应情况；（b）lg(F_0/F)和 Fe^{3+} 浓度在 0.2～60 μmol/L 呈线性，F_0 和 F 分别代表 g-CNQD 溶液中不存在和存在 Fe^{3+} 的荧光强度（λ_{Ex}=241 nm，λ_{Em}=368 nm）

6. 实验结论

利用 bulk g-C_3N_4 作为前驱体通过化学氧化和液体剥离法制备出 g-CNQD，其水溶性好，平均粒径 3.0 nm，表面呈负电性，荧光量子产率 8.96%。g-CNQD 的荧光激发/发射峰在紫外光区域并与 Fe(III)吸收光谱重叠程度高，利用负电性的 g-CNQD 与 Fe(III)之间静电吸引作用和荧光内滤效应实现高选择性、快速地检测水中 Fe(III)，线性范围 0.2～60 μmol/L，检测限 23.5 nmol/L。此方法成功应用于实际水样中 Fe(III)浓度测定，测定结果与大型仪器 ICP-MS 测定结果相近，表明该方法具有可行性。

7. 研究的创新性

综合环境化学、分析化学、纳米科学等多学科知识构造基于荧光内滤效应，运用绿色环保荧光探针实现高选择性、快速地检测水体中 Fe^{3+} 的方法。

参 考 文 献

Li S X, Lin L X, Zheng F Y, et al. 2011. Metal bioavailability and risk assessment from edible brown alga Laminaria japonica, using biomimetic digestion and absorption system and determination by ICP-MS. Journal of Agricultural and Food Chemistry, 59(3): 822-828

Liu F J, Huang B Q, Li S X, et al. 2016. Effect of nitrate enrichment and diatoms on the bioavailability of Fe(III) oxyhydroxide colloids in seawater. Chemosphere, 147: 105-113

Shang L, Dong S J. 2009. Design of fluorescent assays for cyanide and hydrogen peroxide based on the inner filter effect of metal nanoparticles. Analytical Chemistry, 81(4): 1465-1470

Shang L, Qin C J, Jin L H, et al. 2009. Turn-on fluorescent detection of cyanide based on the inner filter effect of silver nanoparticles. Analyst, 134(7): 1477-1482

Shao N, Zhang Y, Cheung S M, et al. 2008. Copper ion-selective fluorescent sensor based on the inner filter effect using a spiropyran derivative. Analytical Chemistry, 77(22): 7294-7303

Xu L, Li B X, Jin Y. 2011. Inner filter effect of gold nanoparticles on the fluorescence of quantum dots and its application to biological aminothiols detection. Talanta, 84(2): 558-564

Yang X F, Liu P, Wang L P, et al. 2008. A chemosensing ensemble for the detection of cysteine based on the inner filter effect using a rhodamine B spirolactam. Journal of Fluorescence, 18(2): 453-459

Zhang D W, Dong Z Y, Jiang X Z, et al. 2013. A proof-of-concept fluorescent strategy for highly selective detection of Cr(VI) based on inner filter effect using a hydrophilic ionic chemosensor. Analytical Methods, 5(7): 1669-1675

Zuo Y G, Hoigne J. 1992. Formation of hydrogen peroxide and depletion of oxalic acid in atmospheric water by photolysis of iron(III)-oxalato complexes. Environmental Science & Technology, 26(5): 1014-1022

Zuo Y G. 1995. Kinetics of photochemical/chemical cycling of iron coupled with organic substances in cloud and fog droplets. Geochimica et Cosmochimica Acta, 59(15): 3123-3130

附录 2　氮硫共掺杂碳量子点的绿色合成及多功能应用

1. 实际环境问题

江河湖等淡水水体、近海海水普遍富营养化，引起藻类植物疯狂生长，即引发水华或赤潮，导致水域生态系统的失衡，破坏水生生态景观，直接影响农业、渔业生产和旅游业发展，造成巨大的经济损失，甚至危害人类身体健康，已是重要的水环境问题。

2. 科学问题

适当收集水体中藻类资源，如何通过简单且低能耗的方法进行深度开发，既可变废为宝，创造经济效益，又可为水华控制提供帮助。

3. 提出假说

我们通过生物化学可知藻类富含碳、氮、硫等元素；通过生物科学获悉藻类分布广、繁殖速度快；通过材料科学知道对环境变化敏感且具有特定功能的纳米材料已在传感器、生物成像、能源、催化、纳米医学等领域引起关注，碳基纳米材料具备来源广泛、生物相容性好、成本低廉等特性，特别是荧光碳量子点（CQD）在 2004 年首次被发现而成为碳基纳米材料的新成员，由于其可调控的发光特性，智能、灵敏等特征成为众多材料中的新秀，多功能碳量子点更是关键热点领域；通过分析化学了解到柚皮或者木瓜水热碳化制备的 CQD 能分别用于 Hg(Ⅱ)和 Fe(Ⅲ)的定量检测；通过微波辐射糖蜜制备的 CQD 被用于清除活性氧；通过药物科学知道水热处理大蒜制备的 CQD 可用于清除自由基。

如何利用水体中过度繁殖的藻类这一生物质制备碳量子点？制备的碳量子点有什么功能，能否具备多种功能？

4. 实验方案设计

以两种易造成水华的优势藻种，即铜绿微囊藻（淡水藻类，*Microcystis aeruginosa*）和盐生杜氏藻（海藻类，*Dunaliella salina*）为前驱体，通过水热处理将藻体碳化。改变水热温度和反应时间等条件研究藻体碳化过程是否可转化为荧光碳量子点，并探究荧光量子点的多种应用。

5. 实验过程

1）实验试剂

1,1-二苯基-2-三硝基苯肼（1,1-diphenyl-2-picrylhydrazyl，DPPH）和硫酸奎宁购买于上海阿拉丁生化科技股份有限公司；乙醇（C_2H_5OH）、抗坏血酸（AA）、EDTA-2Na、$Cu(NO_3)_2$、$Zn(NO_3)_2$、$Pb(NO_3)_2$、$Mg(NO_3)_2$、$Co(NO_3)_2$、$FeCl_2$、$CdCl_3$、$Ni(NO_3)_2$、$Al(NO_3)_3$、$Fe(NO_3)_3$、$CrCl_3$、$MnCl_2$ 和 $HgCl_2$ 均购买于西陇化工股份有限公司；MTS{3-[4,5-dimethylthiazol-2-yl]-5-(3-carboxymethoxyphenyl)-2-(4-sulfophenyl)-2*H*-tetrazolium}试剂购买于普洛麦格（北京）生物技术有限公司；$AgNO_3$ 购买于上海申博化工有限公司；以上试剂均为分析纯，直接用于实验。实验用水均为电阻率大于或等于 18.2 MΩ·cm 的超纯水（由美国 Millipore-Q 超纯水机制备）。

2）实验步骤

（1）氮硫共掺杂碳量子点的制备

氮硫共掺杂碳量子点（N/S-CQD）通过一步水热法合成。首先，将盐生杜氏藻（或者铜绿微囊藻）离心（8000 r/min，4 min）并用超纯水洗涤三遍。收集的藻体在 60℃的真空干燥箱中干燥完全。待自然冷却后研磨成均匀细小的粉末，并将 0.02 g 该粉末加入 50 mL 超纯水中。超声分散均匀后，将溶液转移到高压反应釜的聚四氟乙烯内衬中，将高压反应釜拧紧后在 200℃温度下保持 5 h。反应结束待自然冷却后将所得产物用 0.22 μm 水系滤膜抽滤多遍以除去大颗粒，接着将所得滤液透析（透析袋 MWCO：100 Da）24 h，进一步纯化以除去滤液中的可溶性离子。最后将滤液冷冻干燥得到固体样品，并根据实验需要的浓度将其重新溶解于超纯水中（附图 2-1）。

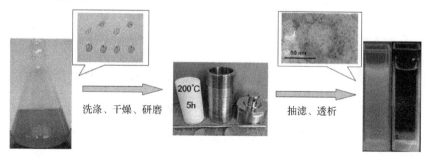

附图 2-1 N/S-CQD 制备过程

（2）细胞毒性实验和荧光成像

N/S-CQD 的生物相容性和毒性通过细胞活性实验进行评价，即通过MTS{3-[4,5-dimethylthiazol-2-yl]-5-(3-carboxymethoxyphenyl)-2-(4-sulfophenyl)-2H-tetrazolium}法测定。MTS 测定法是在 MTT 测定法基础上改进的一种方法，原理是以评估活细胞通过线粒体脱氢酶将 MTS 转化成褐色水溶性四唑盐的能力而得出细胞存活情况。MTS 测定实验中，将 L929 细胞（小鼠成纤维细胞）和 HCCLM3 细胞（人肝癌细胞）分别接种在 Micro ELISA 试剂盒 96 孔板中，温育 24 h。接下来，将 L929 细胞和 HCCLM3 细胞在不同浓度的 N/S-CQD（0 μg/mL、100 μg/mL、200 μg/mL 和 400 μg/mL）中分别培养 24 h 和 48 h。之后将 20 μL 的 MTS 溶液加入到每个孔中，并在 37℃下培养 1 h，形成棕色水溶性的四唑盐。最后，用 Infinite M200 Pro 多功能酶标仪测定溶液在 490 nm 处的吸光度。对照组细胞（在无添加 N/S-CQD 的培养基中培养的细胞）的细胞存活率为 100%。以上实验重复三次。使用如下公式计算细胞存活率：

$$细胞存活率（\%）=实验组 A_{490\,nm}/对照组 A_{490\,nm} \qquad 附式（2-1）$$

将 N/S-CQD 用于藻类细胞荧光成像。将铜绿微囊藻和盐生杜氏藻分别培养于含有 100 μg/mL 的 N/S-CQD 的相应培养液中。48 h 后取出离心，经 pH 为 7.4 的磷酸盐缓冲液洗涤三遍，超纯水洗涤一遍，加入多聚甲醛固定藻体后利用激光扫描共聚焦显微镜进行观察、拍摄。

（3）抗氧化活性测定

a. 清除 DPPH 自由基

N/S-CQD 的抗氧化活性一方面通过测定其对 DPPH 自由基的清除能力进行评价。此法是根据 DPPH 自由基有单电子，其乙醇溶液呈紫色，在 517 nm 处有特征吸收峰。当加入自由基清除剂时，其与 DPPH 自由基单电子配对使溶液褪色，溶液褪色程度与 DPPH 自由基接受的电子数量呈定量关系，因而用紫外-可见分光光度计进行快速的定量分析。实验中将 10 μL 不同浓度的 N/S-CQD 溶液加入到 3 mL 的 DPPH 乙醇溶液（100 μmol/L）中，置于暗处 30 min 后测量 517 nm 处吸光度值。N/S-CQD 对 DPPH 自由基清除率计算式如下：

$$对 DPPH 自由基的清除率=(A_c-A_s)/A_c \qquad 附式（2-2）$$

式中，A_c 和 A_s 分别为未加入和加入 N/S-CQD 的 DPPH 乙醇溶液在 517 nm 处的吸光度。

b. 清除羟基自由基

N/S-CQD 的抗氧化活性另一方面通过测定其对羟基自由基的清除能力进行评价。原理为水杨酸（邻羟基苯甲酸）与羟基自由基反应产生 2, 3-二羟基苯甲酸，其在 510 nm 处有很强的吸收。向反应体系中加入羟基自由基清除剂后，羟基自由基减少从而和水杨酸反应生成的紫色物质也相应减少。固定反应时间，在 510 nm 处测定反应体系的吸光度，并与空白组比较，得出清除剂对羟基自由基的清除率。此法中的羟基自由基通过 Fenton 反应产生。实验中，2 mL 1.8 mmol/L 的 FeSO₄ 中加入 1.5 mL 1.8 mmol/L 的水杨酸-乙醇溶液，接着加入 1 mL 不同浓度的 N/S-CQD，最后再加入 0.1 mL 100 mmol/L 的 H₂O₂，37℃反应 30 min 后于 510 nm 处测定吸光度。N/S-CQD 对羟基自由基的清除率计算式如下：

$$对羟基自由基的清除率=(A_0-A_s)/A_0 \qquad 附式（2-3）$$

式中，A_0 和 A_s 分别为未加入和加入 N/S-CQD 的羟基自由基体系溶液在 510 nm 处的吸光度。

（4）荧光检测 Fe(III)

a. Fe(III)标准曲线的建立

Fe(III)的测定在室温环境下进行。首先将 Fe(NO₃)₃ 溶解在超纯水中配制

Fe(III)标准储备液。随后 4 mL 稀 N/S-CQD 溶液（浓度约为 26 mg/L）中加入 200 μL 100 mmol/L EDTA 溶液，接着加入适量的 Fe(III)标准储备液，用超纯水定容至 5 mL，配制成 0 μmol/L、0.1 μmol/L、0.5 μmol/L、1 μmol/L、5 μmol/L、10 μmol/L、20 μmol/L、40 μmol/L、60 μmol/L、80 μmol/L、100 μmol/L、150 μmol/L、200 μmol/L、250 μmol/L、300 μmol/L、400 μmol/L、500 μmol/L 浓度的 Fe(III)标准溶液。荧光激发波长固定在 322 nm，分别记录含不同浓度的 Fe(III)标准溶液的荧光发射光谱，以荧光发射峰（λ_{Em}=412 nm）强度作为定量依据。以荧光猝灭效率$(F_0-F)/F_0$对 Fe(III)的不同浓度做线性拟合[F_0 为不加 Fe(III)的荧光发射峰强度，F 对应加入不同浓度的 Fe(III)的荧光发射峰强度]。

b. 实际水样中 Fe(III)的测定

取九龙江水和台湾海峡（22.65°N, 118.82°E）的海水作为实际水样进行 Fe(III)的测定。水样经过 0.22 μm 滤膜过滤，以上述方法测定，其最终浓度为稀释 10 倍。所有实验在室温下重复测定三次。

3）实验结果分析

实验过程中以两种不同藻类为前驱体，即铜绿微囊藻（淡水藻类，*Microcystis aeruginosa*）和盐生杜氏藻（海藻类，*Dunaliella salina*），通过改变水热温度和反应时间研究其对制备的 CQD 的荧光量子产率（fluorescence quantum yield）的影响。以硫酸奎宁（溶解于 0.1 mol/L 的 H_2SO_4 溶液中，荧光量子产率 54%）为标准参照物，不同条件下制备的 CQD 的相对荧光量子产率如附表 2-1（λ_{Ex}=322 nm）

附表 2-1　不同条件下制备的 CQD 的荧光量子产率比较（以硫酸奎宁为标准参照物）

水热条件		CQD 的荧光量子产率（%）	
温度（℃）	时间（h）	以铜绿微囊藻为前驱体	以盐生杜氏藻为前驱体
160	5	2.96	2.56
180	5	3.38	3.88
200	5	4.36	5.93
220	5	4.25	4.28
200	3	4.02	5.31
200	5	4.36	5.93
200	7	4.33	5.77
200	9	4.03	5.42

所示。实验得出，以盐生杜氏藻作为碳量子点的生物质前驱体，在 200℃ 下水热 5 h，合成的 N/S-CQD 荧光量子产率最高，为 5.93%。因此选择此条件制备 CQD，并探究其多方面性能及应用。

（1）N/S-CQD 的结构特征

这里以盐生杜氏藻为前驱体一步水热（200℃，5 h）合成碳量子点。如附图 2-2（a）、（b）所示，从透射电子显微镜（TEM）图像得出 CQD 平面的粒径大小集中在 3.2 nm，分布范围主要在 2.3～4.2 nm。如附图 2-2（c）、（d）所示，从原子力显微镜（AFM）扫描图像得出该 CQD 的高度在 3.2～4.0 nm，综合 TEM 和 AFM 表征得出以盐生杜氏藻为前驱体制备的 CQD 粒径约为 3.2 nm，大小均匀，分散性好。

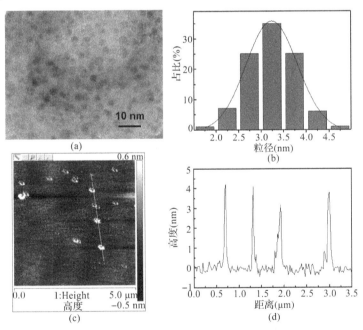

附图 2-2　（a）N/S-CQD 的 TEM 图；　（b）粒径分布直方图；
（c）AFM 图；　（d）相应的 N/S-CQD 粒子高度图

（2）细胞存活率测定和藻类细胞荧光成像

如附图 2-3（a）所示，利用 L929 细胞和 HCCLM3 细胞试验 N/S-CQD 的细胞毒性，以评价 N/S-CQD 的生物相容性和进一步确定 N/S-CQD 对于细胞荧光成像的实用性。结果表明，N/S-CQD 对细胞几乎没有毒性，甚至在 200 μg/mL 的 N/S-CQD 孵育 24 h 后两种细胞活力都非常接近 100%。值得注意的是，即使在高浓度 N/S-CQD（400 μg/mL）和长时间（48 h）孵育的 L929 细胞和 HCCLM3 细胞的存活率仍达到 82.6% 和 77.4%。而实际应用于生物成像研究的荧光物质浓度一般在 150 μg/mL 左右。说明 N/S-CQD 若用于细胞荧光成像，其毒性几乎可以忽略。如附图 2-3（b）、（c）利用 100 μg/mL 的 N/S-CQD 分别标记盐生杜氏藻和铜绿微囊藻，其中用于盐生杜氏藻细胞成像的效果较好。综上说明 N/S-CQD 生物相容性良好，细胞毒性很低，在荧光成像领域具有一定的实用性，具有进一步研究其在生物荧光探针方面的应用价值。

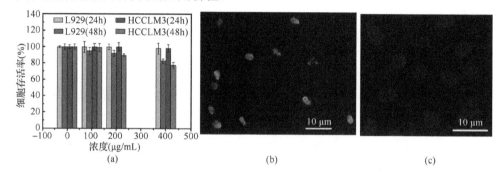

附图 2-3　（a）L929 和 HCCLM3 细胞在不同浓度（0 μg/mL、100 μg/mL、200 μg/mL、400 μg/mL）的 N/S-CQD 中培养 24 h、48 h 后的存活率；盐生杜氏藻（b）和铜绿微囊藻（c）在 100 μg/mL 的 N/S-CQD 中培养 48 h 后的共聚焦荧光成像图

（3）N/S-CQD 的抗氧化活性

该实验部分测定 N/S-CQD 对 DPPH 自由基和羟基自由基的清除率，以评估 N/S-CQD 的抗氧化活性。当自由基溶液中加入抗氧化剂后，相应吸收光谱强度随加入抗氧化剂的量的增加而减小，通过加入抗氧化剂前后吸光度的变化计算自由基清除率。DPPH 自由基接受 N/S-CQD 的氢自由基后，转化为稳定的 DPPH-H 化合物，并且溶液的颜色由原来的深紫色变为浅黄色。如附图 2-4（a）所示，随着 N/S-CQD 浓度的增加对 DPPH 自由基的清除率不断提高，当 N/S-CQD 浓度在 450～500 μg/mL 时，对 DPPH 自由基的清除率趋于稳定。当 N/S-CQD 浓度为 500 μg/mL 时，对 DPPH 自由基最高的清除率为 67.3%。如附图 2-4（b）所示，

以抗坏血酸（AA）为阳性对照试验，随着 AA 浓度的增加对 DPPH 自由基的清除率不断提高，在 AA 为 7 μg/mL 时，对 DPPH 自由基的清除率趋于稳定且最高清除率达 95.9%。

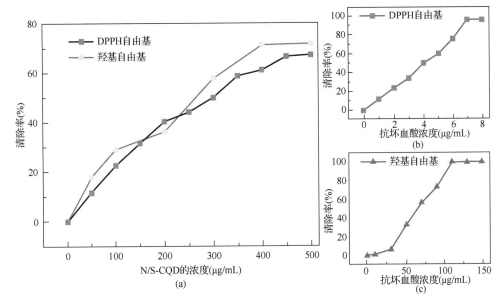

附图 2-4　（a）不同浓度 N/S-CQD 对 DPPH 自由基和羟基自由基的清除率；
不同浓度的抗坏血酸对 DPPH 自由基（b）和羟基自由基（c）的清除率

N/S-CQD 的抗氧化活性通过测定其对羟基自由基的清除率进行评价。如附图 2-4（a）所示，N/S-CQD 对羟基自由基清除率随 N/S-CQD 浓度的增加而提高。当 N/S-CQD 浓度为 400 μg/mL 左右时，对羟基自由基清除率达到最高，为 71.2%。同样以 AA 为阳性对照试验，如附图 2-4（c）所示，AA 对羟基自由基的清除率与 AA 浓度呈正相关，当 AA 浓度为 130 μg/mL 时，对羟基自由基清除率达到最高，为 99.3%。

由以上分析可知 N/S-CQD 与 AA 相比在清除 DPPH 自由基方面能力相差较大。可能是由于 AA 易与 DPPH 作用并氧化脱掉两个氢生成氧化型醌式结构，而 N/S-CQD 表面所含羟基较少，抗氧化能力有限。相比于同类碳量子点（碳量子点浓度为 500 μg/mL 时，对 DPPH 自由基达到最大清除率 56%；碳量子点浓度为 800 μg/mL 时，对羟基自由基达到最大清除率 58%），N/S-CQD 的抗氧化活性较强。

（4）N/S-CQD 在荧光检测方面的应用

a. N/S-CQD 对水中金属离子的荧光响应研究

实际水样中常含有多种金属离子，因此 N/S-CQD 的荧光选择性响应至关重要。本实验选择水样中最常见的金属离子如 Ag(I)、Al（III）、Cd（III）、Co(II)、Cu(II)、Fe(III)、Mg(II)、Ni(II)、Pb(II)、Ca(II)、Zn(II)、Na(I)、Cr（III）、Hg(II)、Mn(II)、Cr(VI)（实际在水中的存在形式一般为 $Cr_2O_7^{2-}$ / CrO_4^{2-}）进行实验。如附图 2-5（a）所示，相比于控制组（不添加金属离子），Cu(II)、Fe(III)、Hg(II) 和 Cr(VI)对 N/S-CQD 荧光强度有较明显的猝灭作用，但是在加入 4 mmol/L（最终浓度）的 EDTA 后，只有 Fe(III)引起 N/S-CQD 的荧光强度明显减弱，Cu(II)、Hg(II)和 Cr(VI)对 N/S-CQD 的荧光减弱效果不明显，可能是由于 N/S-CQD 表面的 N 和 S 元素对 Fe(III)的络合作用较强，甚至比 EDTA 对 Fe(III)的络合作用强，而其他金属离子与 EDTA 有强络合作用，对 N/S-CQD 络合作用较弱。如附图 2-5（b）所示，黑色实心柱状图代表 N/S-CQD 溶液中加入各相应金属离子和 EDTA 的荧光强度变化比值（F/F_0）。与未加入金属离子的控制组相比，荧光猝灭效果不显著，而且荧光猝灭效果较为相近；但向各溶液中继续加入 0.5 mmol/L（最终浓度）Fe(III)（使其形成竞争混合物）后，含有各种不同金属离子的 N/S-CQD 溶液的荧光猝灭效果明显且荧光猝灭效果很接近，F/F_0 数值都小于 0.2[附图 2-5（b）中网格柱状

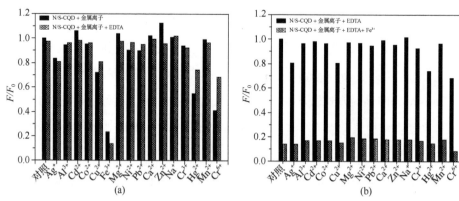

附图 2-5　（a）N/S-CQD 在相应金属离子（0.5 mmol/L）溶液中不添加 EDTA（黑色实心柱状图）和添加 EDTA（4 mmol/L，网格柱状图）情况下的荧光强度变化比值；（b）N/S-CQD 在含有相应金属离子（0.5 mmol/L）和 EDTA 的溶液中不添加 Fe(III)（黑色实心柱状图）和添加 Fe(III)（0.5 mmol/L，网格柱状图）情况下的荧光强度变化比值

图]，并且与控制组[只加入 Fe（III）]相比，结果相差不大。由此说明加入 EDTA
的反应体系中 N/S-CQD 对 Fe(III)的荧光识别作用强，Fe(III)能选择性猝灭
N/S-CQD 的荧光。

　　b. N/S-CQD 对 Fe(III)的荧光响应特性

　　利用上述实验结论以 N/S-CQD 为荧光探针构建高选择性荧光检测 Fe(III)的方
法。如附图 2-6（a）所示，N/S-CQD 在 4 mmol/L EDTA 和不同浓度的 Fe(III)溶液
（0 μmol/L、0.1 μmol/L、0.5 μmol/L、1μmol/L、5 μmol/L、10 μmol/L、20 μmol/L、
40 μmol/L、60 μmol/L、80 μmol/L、100 μmol/L、150 μmol/L、200 μmol/L、250 μmol/L、
300 μmol/L、400 μmol/L、500 μmol/L）中荧光发射峰（λ_{Em}=412 nm）强度逐渐变
化，当 Fe(III)浓度越高则相应荧光强度越低。如附图 2-6（b）所示，当 Fe(III)浓
度范围在 0.1～100 μmol/L 时，荧光猝灭效率[$(F_0-F)/F_0$]与 Fe(III)浓度呈现良好的
线性关系（R^2=0.9985）。根据检测限（LOD）的测定方法，得出该方法的检测限
约为 66.69 nmol/L（S/N=3），该方法检测限远低于美国环保署建立的饮用水中 Fe(III)
限值标准（5.357 μmol/L），说明基于 N/S-CQD 建立的荧光检测 Fe(III)方法具有线
性范围宽和灵敏度高等优点。

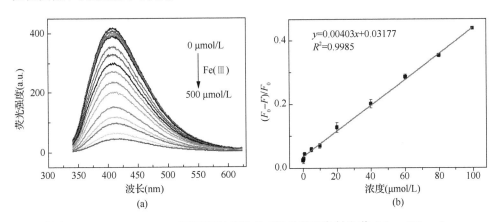

附图 2-6　（a）N/S-CQD 对于不同浓度的 Fe(III)的荧光发射光谱（λ_{Em}=412 nm）；
（b）荧光猝灭效率[$(F_0-F)/F_0$]与 Fe(III)浓度（0.1～100 μmol/L）呈线性关系
（λ_{Ex}=322 nm，λ_{Em}=412 nm），F_0 指加入 EDTA（4 mmol/L）时 N/S-CQD 的荧光强度，
F 指加入 EDTA（4 mmol/L）、不同浓度 Fe(III)时 N/S-CQD 的荧光强度

c. N/S-CQD 对实际水样中 Fe(III)的测定

为了验证基于 N/S-CQD 荧光测定水中 Fe(III)浓度的方法的实用性，将其用于测定江水和海水中 Fe(III)含量。主要采取加标回收实验，即水样中添加 15 μmol/L、30 μmol/L、60 μmol/L 的 Fe(III)标准溶液进行测定，测定结果如附表 2-2 所示。Fe(III)回收率在 91.60%～117.3%之间，三次重复测定结果的相对标准偏差都小于 5%，说明该方法精确度较高。而且该方法测定结果与 ICP-MS 测定结果较为一致，说明该方法适用于江水、海水等实际水样中 Fe(III)含量的测定。

附表 2-2　基于 N/S-CQD 的荧光探针对实际水样中 Fe(III)浓度的测定（n=3）

样品	加入（μmol/L）	检出（μmol/L）	回收率（%）	RSD（%）	ICP-MS 检出（μmol/L）
江水	15	17.60	117.3	1.5	16.85
	30	31.40	104.7	2.2	30.78
	60	57.25	95.42	0.5	60.08
海水	15	15.75	105.0	4.0	15.18
	30	27.48	91.60	3.1	30.13
	60	56.64	94.40	0.9	59.66

6. 实验结论

以藻类植物为前驱体，采用水热法可制备出多功能荧光碳量子点（附图 2-7），达到变废为宝的目的。制备荧光碳量子点生物毒性低，具有一定抗氧化性；可用于藻类细胞成像；Fe(III)对 N/S-CQD 具有选择性荧光猝灭效应可据此构建基于 N/S-CQD 荧光探针检测 Fe(III)新方法。

附图 2-7　多功能荧光碳量子点

7. 研究的创新性

综合环境化学、生物化学、材料科学、生物科学、分析化学等多学科知识构造以藻类为前驱体，创新性合成多功能 N/S-CQD。

参 考 文 献

Blois M S. 1958. Antioxidant determinations by the use of a stable free radical. Nature, 181(4617): 1199-1200

Das B, Dadhich P, Pal P, et al. 2014. Carbon nanodots from date molasses: new nanolights for the *in vitro* scavenging of reactive oxygen species. Journal of Materials Chemistry B, 2(39): 6839-6847

Lu W B, Qin X Y, Liu S, et al. 2012. Economical, green synthesis of fluorescent carbon nanoparticles and their use as probes for sensitive and selective detection of mercury(II) ions. Analytical Chemistry, 84(12): 5351-5357

Shen J, Shang S M, Chen X Y, et al. 2017. Highly fluorescent N, S-co-doped carbon dots and their potential applications as antioxidants and sensitive probes for Cr(VI) detection. Sensors and Actuators B: Chemical, 248: 92-100

Wang N, Wang Y T, Guo T T, et al. 2016. Green preparation of carbon dots with papaya as carbon source for effective fluorescent sensing of iron (III) and *Escherichia coli*. Biosensors and Bioelectronics, 85: 68-75

Xu X Y, Ray R, Gu Y L, et al. 2004. Electrophoretic analysis and purification of fluorescent single-walled carbon nanotube fragments. Journal of the American Chemical Society, 126(40): 12736-12737

Zhang X D, Xie X, Wang H, et al. 2012. Enhanced photoresponsive ultrathin graphitic-phase C_3N_4 nanosheets for bioimaging. Journal of the American Chemical Society, 135(1): 18-21

Zhao A D, Chen Z W, Zhao C Q, et al. 2004. Recent advances in bioapplications of C-dots. Carbon, 85: 309-327

Zhao S J, Lan M H, Zhu X Y, et al. 2015. Green synthesis of bifunctional fluorescent carbon dots from garlic for cellular imaging and free radical scavenging. ACS Applied Materials & Interfaces, 7(31): 17054-17060

附录 3　基于 CQD/β-CD@AuNP 的主客体识别作用及 FRET 效应检测胆固醇

1. 实际问题

冠心病、高血压和动脉粥样硬化等心血管疾病患病率快速增长，造成此现象原因之一是血清中胆固醇浓度异常。胆固醇浓度指标有助于相关疾病检测和预防。在没有大型仪器情况下，如何快速检测血清中胆固醇浓度？该问题已成为迫切的民生问题和医学检验需求。

2. 科学问题

胆固醇广泛存在于动物体内，既是所有动物细胞膜基本结构成分，在维持膜结构完整性和流动性方面发挥重要作用，又是合成胆汁酸、维生素 D 和激素的原料。健康人血清中总胆固醇正常水平一般低于 5.2 mmol/L。血液中胆固醇水平过高，称为高胆固醇血症，会明显增加冠心病、高血压和动脉粥样硬化等血管疾病的风险。另外，胆固醇的缺乏被认为与抑郁症、癌症和脑出血等疾病的出现相关联。胆固醇被世界卫生组织国际癌症研究机构列为第三类致癌物。因此开发一种便捷、可视化、选择性高、稳定性好、绿色环保的胆固醇测定方法具有重要应用价值。

3. 提出假说

由生物化学得知 β-环糊精（β-CD）是一种环状多糖，具有十分奇特的圆筒形空心结构。由于其空腔内外含有不同性质基团，使环糊精外表面具有亲水性，内腔具有亲油性。通过其"双亲性"，为难以共溶的油和水之间架设了一座"桥梁"，使得 β-CD 内腔具有包容适当大小的亲油性客体分子的能力，并在对特定分子的识别作用下形成主客体包合物。由分析化学学科背景得知 β-CD 和胆固醇之间的主客体识别作用已广泛用于不同基质（如食物、细胞膜和血清）中选择性提取或检测胆固醇；已有文献报道无毒的 β-CD 可作为胆固醇氧化酶的替代物，高选择性识别并定量检测胆固醇。

由纳米材料科学和生物分析方面的知识得知金纳米粒子（AuNP）的优异性能可应用于生物分析，如由于尺寸依赖效应产生的颜色变化以及具有高效的荧光猝灭效率和容易化学修饰等特征。由物理学可知入射光频率与导带电子集体共振引发的吸收带，称为表面等离子体共振（SPR）带。由纳米材料科学可知当 AuNP 粒径相对较大时（大于 10 nm）有明显 SPR 吸收带，当 AuNP 粒径为 13 nm 时其 SPR 特征吸收峰在 520 nm 左右，随着粒径增大，特征吸收峰红移；当 AuNP 粒径很小时（2 nm 左右）则具有相应的催化功能。一方面，AuNP 溶液的 SPR 吸收峰与粒子间距相关，当粒子间距大于 AuNP 平均粒径，AuNP 溶液呈现红色；当 AuNP 聚合时即粒子间距小于 AuNP 平均粒径，AuNP 溶液由红色变为蓝色。这种独特的光学性质使 AuNP 成为理想的比色传感器，其在可见光范围内可显示不同的颜色。另一方面，AuNP 具有很高的消光系数，达到 10^8 L/(mol·cm)甚至 10^{10} L/(mol·cm)。从化学知识可知在构建荧光共振能量转移（FRET）体系时 AuNP 是理想的能量受体。基于上述 β-CD 和 AuNP 的独特性质，利用 β-CD 修饰 AuNP，可取得良好的协同效应。

从纳米材料科学及生物化学知识可知碳量子点（CQD）具有良好的生物相容性、独特的光物理特性和化学性质，在荧光探针、生物成像、催化等领域有众多应用。这里基于对胆固醇的荧光检测方法研究，以 β-CD 对胆固醇的客体选择性识别作用为基础，拟利用表面呈负电性的 β-CD 修饰 AuNP（β-CD@AuNP）和表面带正电的 CQD 体系（CQD/β-CD@AuNP）通过荧光恢复方式定量检测胆固醇，并提出相应的反应机理。

4. 设计实验方案

如附图 3-1 所示，以 β-CD 为还原剂和稳定剂一步合成表面呈负电性的

β-CD@AuNP，以一步超声法合成出表面正电性的 CQD。以 CQD 和 β-CD@AuNP 构建荧光共振能量转移对（CQD/β-CD@AuNP）。利用 β-CD 对胆固醇的主客体识别作用，以荧光恢复方式定量检测胆固醇。

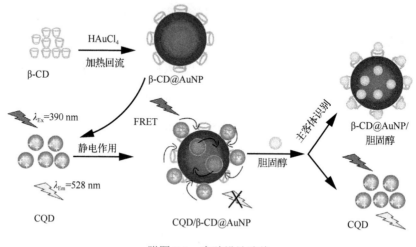

附图 3-1　实验设计路线

5. 实验过程

1）实验试剂

氯化十六烷基吡啶（cetylpyridinium chloride，CPC）、胆固醇、甘氨酸、L-天门冬氨酸和 L-谷氨酸均购买于上海阿拉丁生化科技股份有限公司；NaCl、KCl、MgCl$_2$、葡萄糖、脲（尿素）、抗坏血酸（AA）和乙醇均购买于西陇化工股份有限公司；L-赖氨酸、还原谷胱甘肽、牛血清白蛋白（BSA，生化试剂）和 HAuCl$_4$·4H$_2$O 均购买于国药集团化学试剂有限公司；β-环糊精（β-cyclodexxtrin）购买于阿达玛斯试剂有限公司；以上所有药品与试剂如未特殊注明则为分析纯。实验用水均为电阻率大于或等于 18.2 MΩ·cm 的超纯水，通过 Millipore-Q 超纯水机（美国 Millipore 公司）制备。

2）实验步骤

（1）β-CD@AuNP 和 CQD 的制备

β-CD@AuNP 的制备是以 HAuCl$_4$ 溶液为前驱体，以 β-CD 为还原剂及稳定剂，加热回流一步制备 β-CD@AuNP。具体步骤如下：烧瓶中先后加入 35 mL 超纯水，

5 mL PBS 缓冲液（0.1 mol/L，pH 7.0），1 mL 的 HAuCl$_4$ 溶液（10 mmol/L）和 10 mL 的 β-CD 水溶液（0.01 mol/L），搅拌均匀后，移入油浴锅中，在 100℃下强力搅拌回流 60 min，溶液颜色由浅黄色变成浅红色最终变为葡萄酒红。待溶液自然冷却后，经 0.45 μm 滤膜过滤后于 4℃下保存（pH 7.0 的 0.1 mol/L 的 PBS 缓冲溶液配制：将 0.68 g KH$_2$PO$_4$ 加入 29.1 mL 0.1 mol/L 的 NaOH 溶液中，再用超纯水稀释至 100 mL）。

CQD 的制备是以氯化十六烷基吡啶（CPC）溶液为前驱体，通过一步超声法合成。主要步骤如下：向 100 mL（15 mmol/L）CPC 溶液中加入 9 mL（2.0 mol/L）NaOH 溶液，超声 30 min（溶液颜色由无色变成浅黄最终变成棕黄色）后，用浓盐酸调节溶液 pH 至 7.0，使反应终止。再经透析袋（截留分子量=3500）透析 24 h 后，将溶液冷冻干燥得到 CQD 固体，根据实验需要的浓度将 CQD 固体重新溶解于超纯水中，4℃保存。

（2）荧光恢复测定胆固醇

a. 胆固醇标准曲线的建立

取上述制备的 β-CD@AuNP 2 mL，加入 300 μL（0.4 mg/mL）的 CQD，再分别加入适量的胆固醇储备液（以无水乙醇为溶剂配制，浓度 10 mmol/L），用超纯水定容至 5 mL，得到 0 μmol/L、10 μmol/L、30 μmol/L、50 μmol/L、70 μmol/L、90 μmol/L、110 μmol/L、130 μmol/L、150 μmol/L、170 μmol/L、190 μmol/L、210 μmol/L 的胆固醇标准溶液。室温下静置反应 40 min 后，荧光激发波长固定在 390 nm，分别记录加入不同浓度胆固醇标准溶液的荧光发射光谱，用荧光发射峰（λ_{Em}=528 nm）强度作为定量依据。以荧光恢复效率$(F-F_0)/F_0$ 对不同胆固醇浓度做线性拟合（F_0 为不加胆固醇的荧光发射峰强度，F 对应加入不同胆固醇浓度的荧光发射峰强度）。

b. 猪血清中胆固醇含量测定

从市场上获得新鲜干净的猪血，储存于蓝盖试剂瓶中，室温下保存过夜。隔天取出淡黄色上清液，经离心（4000 r/min，6 min）后可获得相对纯净的猪血清。根据 a. 的方法加入 50 μL 的猪血清，分别加入 0 μmol/L、40 μmol/L、80 μmol/L、

160 μmol/L 的胆固醇标准溶液，定容至 5 mL，40 min 后进行荧光测定。所有实验在室温下重复测定三次。

3）实验结果分析

（1）β-CD@AuNP 和 CQD 的结构特征

β-CD@AuNP 的透射电子显微镜（TEM）图像如附图 3-2（a）所示，β-CD@AuNP 整体多为球形颗粒，分散性较好，粒径大小较为均匀。如附图 3-2（b）所示，统计的粒径分布直方图表明 β-CD@AuNP 大小分布较为集中，主要在 25 nm 左右。而从附图 3-2（c）看出，CQD 的粒径很小，分散性好，从其 HRTEM 图像[附图 3-2（c）中插图]看出 CQD 有良好的结晶度。其粒径分布直方图[附图 3-2（d）]表明 CQD 的粒径集中在 3 nm 左右，远比 β-CD@AuNP 的粒径小得多。

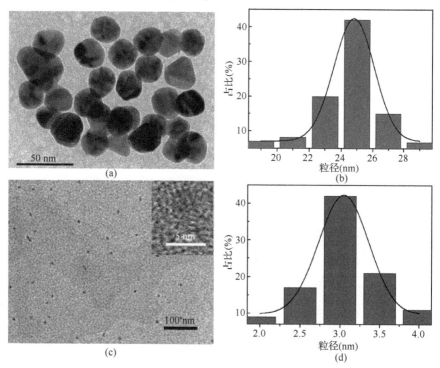

附图 3-2　（a）β-CD@AuNP 的 TEM 图；（b）β-CD@AuNP 的粒径分布直方图；（c）CQD 的 TEM 图；（d）CQD 的粒径分布直方图

（2）体系中各物质的光学特性

如附图 3-3（a）所示，CQD 的荧光发射峰为 528 nm，与之对称的荧光激发峰为 390 nm，蓝色曲线为 β-CD@AuNP 的紫外-可见吸收光谱，在 528 nm 处有最大吸收，与 CQD 的荧光发射峰重合。说明 β-CD@AuNP 能高效吸收 CQD 的荧光，使 CQD 荧光猝灭。基于此可构建荧光共振能量转移体系，CQD 为荧光能量供体，β-CD@AuNP 为荧光能量受体。CQD 溶液、β-CD@AuNP 溶液、CQD/β-CD@AuNP 溶液、CQD/β-CD@AuNP 中加入胆固醇（CQD/β-CD@AuNP/胆固醇）后的体系溶液在自然光下分别呈亮黄色、酒红色、淡红色和暗粉色[附图 3-3（a）中插图的 1、2、3 和 4]，它们在 365 nm 紫外光照射下的照片[附图 3-3（a）中插图的 5、6、7 和 8]分别呈现出强烈荧光、不发光、微弱荧光和较强荧光。

如附图 3-3（b）所示，CQD 的荧光发射峰（实线）强度大，当加入 β-CD@AuNP 溶液后发生荧光猝灭（虚线），此时体系溶液呈淡红色[附图 3-3（a）中插图的 3]，在 365 nm 紫外光照射下只显示微弱荧光[附图 3-3（a）中插图的 7]；之后再继续加入胆固醇，CQD 的荧光部分恢复（点划线），体系溶液颜色变为暗粉色[附图 3-3（a）中插图的 4]，在 365 nm 紫外光照射下荧光恢复[附图 3-3（a）中插图的 8]。综上说明 β-CD@AuNP 能有效使 CQD 荧光猝灭，加入胆固醇使 CQD 荧光恢复，而且过程中伴随着溶液的颜色变化。

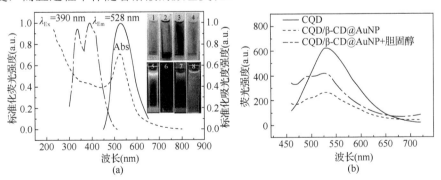

附图 3-3 （a）CQD 的荧光激发光谱（λ_{Ex}=390 nm，点划线）和发射光谱（λ_{Em}=528 nm，实线），β-CD@AuNP 的紫外-可见吸收光谱（Abs，虚线），插图中 1~4 和 5~8 分别为自然光下和 365 nm 紫外光照射下的 CQD、β-CD@AuNP、CQD/β-CD@AuNP、CQD/β-CD@AuNP/胆固醇；（b）CQD、CQD/β-CD@AuNP 和 CQD/β-CD@AuNP/胆固醇的荧光光谱

（3）反应机理探究

这里对实验中 β-CD@AuNP 对 CQD 的荧光猝灭和胆固醇恢复体系荧光过程进行研究，以期探索过程中的反应原理。CQD 和 β-CD@AuNP 的 DLS 粒径/表面电位分别为 3.2 nm/27.8 mV 和 30.8 nm/-39.7 mV（如附表 3-1 所示，它们的 DLS 粒径测定结果和 TEM 测定结果相近，从 DLS 测定原理可知其结果会偏大）；β-CD@AuNP 在加入 CQD 中后粒径变大且表面电位由负转正，DLS 粒径/表面电位分别为 171.9 nm/13.1 mV，由此说明 CQD 和 β-CD@AuNP 通过表面电荷相互吸引（静电作用），使它们之间足够靠近，β-CD@AuNP 表面被 CQD 占据，带正电荷，粒径增大，并发生荧光共振能量转移，引起 CQD 荧光猝灭；体系中继续加入胆固醇后，此时 β-CD@AuNP 的粒径减小至最初大小左右（22.4 nm），体系电位为 19 mV，期间可能是 β-CD@AuNP 表面上的 β-CD 发挥主客体识别作用即 β-CD 对胆固醇具有更高亲和力，胆固醇竞争性地取代 CQD 进入到 AuNP 表面的 β-CD 空腔中，CQD 从 β-CD@AuNP 上脱离，导致 β-CD@AuNP 粒径恢复到最初大小，游离的 CQD 使体系电位增大，荧光恢复。

附表 3-1　胆固醇检测系统构建过程中各物质 DLS 粒径和表面电位的变化

	DLS 粒径大小（nm）	表面电位（mV）
CQD	3.2	27.8
β-CD@AuNP	30.8	-39.7
CQD/β-CD@AuNP	171.9	13.1
CQD/β-CD@AuNP/胆固醇	22.4	19

（4）胆固醇的荧光检测

a. CQD/β-CD@AuNP 对血清中胆固醇的选择性研究

对血清中主要物质进行荧光响应测定，主要包括 NaCl、KCl、MgCl₂、葡萄糖、尿素、甘氨酸、天门冬氨酸、谷氨酸、谷胱甘肽（还原型）、抗坏血酸、牛血清白蛋白（BSA）和胆固醇（最终浓度都为 90 μmol/L），测定结果如附图 3-4（a）

所示，胆固醇对 CQD/β-CD@AuNP 的荧光恢复效率最为明显，达到 1.2 左右，其他物质具有微弱的荧光恢复效率（可能是较高浓度的干扰物质引起 β-CD@AuNP 团聚，导致 CQD 荧光恢复），大约在 0.2 附近，其干扰结果在误差范围之内，总体上 CQD/β-CD@AuNP 对血清中的胆固醇选择性良好。

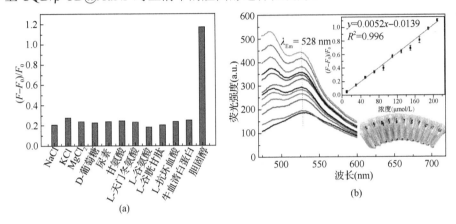

附图 3-4　（a）不同物质对 CQD/β-CD@AuNP 的荧光响应；
（b）CQD/β-CD@AuNP 对胆固醇浓度的荧光标准曲线拟合及相应的比色图像

b. 胆固醇标准曲线的建立

利用上述结论以 CQD/β-CD@AuNP 为荧光探针，构建选择性检测血清中胆固醇含量的新方法。如附图 3-4（b）所示，CQD/β-CD@AuNP 在不同标准浓度的胆固醇溶液（0 μmol/L、10 μmol/L、30 μmol/L、50 μmol/L、70 μmol/L、90 μmol/L、110 μmol/L、130 μmol/L、150 μmol/L、170 μmol/L、190 μmol/L、210 μmol/L）中荧光发射光谱（λ_{Em}=528 nm）强度逐渐变化，胆固醇浓度越大则体系荧光强度越强。当胆固醇浓度范围在 10～210 μmol/L 时，荧光恢复效率[$(F-F_0)/F_0$]与胆固醇浓度呈现良好的线性关系（R^2=0.996），并且体系颜色逐渐改变[附图 3-4（b）中插图]，有望于开发比色和荧光双模式探针。根据检测限（LOD）的测定方法，得出该方法的检测限约为 343.48 nmol/L（S/N=3），该方法检测限远低于健康人正常水平下的血清中总胆固醇浓度（5.2 mmol/L），比已报道方法的检测限 56 μmol/L、6 μmol/L、1.4 μmol/L 拥有更高的灵敏度。说明基于 CQD/β-CD@AuNP 建立的荧光检测胆固醇的方法具有较宽的线性范围和较高的灵敏度。

c. 猪血清中胆固醇含量的测定

为了验证基于 CQD/β-CD@AuNP 荧光测定胆固醇浓度的方法的实用性,将其应用于猪血清中胆固醇含量的测定。主要采用加标回收实验,即添加 40 μmol/L、80 mol/L、120 μmol/L 和 160 μmol/L 的胆固醇标准溶液进行测定,测定结果如附表 3-2 所示。胆固醇回收率在 98.1%～104.4%,三次重复测定结果的相对标准偏差在 5%以内,表明该方法适用于猪血清复杂样品中胆固醇含量的测定。

附表 3-2　　基于 CQD/β-CD@AuNP 的荧光方法对猪血清中胆固醇浓度的测定($n=3$)

加入(μmol/L)	检出(μmol/L)	胆固醇之和(μmol/L)	回收率(%)	RSD(%)
0	19.17	19.17	—	4.2
40	60.25	59.17	102.7	3.8
80	102.68	99.17	104.4	2.2
120	138.24	139.17	99.2	3.6
160	176.12	179.17	98.1	4.6

6. 实验结论

这里以 β-CD 为还原剂和稳定剂一步合成表面呈负电性的 β-CD@AuNP,以一步超声法合成出表面呈正电性的 CQD。实验表明,CQD 和 β-CD@AuNP 之间发生荧光共振能量转移,CQD 荧光猝灭。利用 β-CD 对胆固醇的主客体识别作用,构建 CQD/β-CD@AuNP 体系以荧光恢复方式定量检测胆固醇的新方法,该方法在线性范围内(10～210 μmol/L)具有良好的线性($R^2=0.996$),检测限为 343.48 nmol/L($S/N=3$)。将该方法用于猪血清中胆固醇含量的测定,回收率在 98.1%～104.4%范围内,具有良好的实用性。

7. 研究的创新性

综合医学、纳米材料科学、生物化学、生物分析、物理化学、分析化学等多学科知识,构造以荧光恢复的方式定量检测胆固醇方法。综合利用荧光共振能量转移和 β-环糊精的主客体识别作用,构建胆固醇检测的新方法。

参 考 文 献

Bui T T, Park S Y. 2016. A carbon dot-hemoglobin complex-based biosensor for cholesterol detection. Green Chemistry, 18(15): 4245-4253

Chang H C, Ho J A. 2015. Gold nanocluster-assisted fluorescent detection for hydrogen peroxide and cholesterol based on the inner filter effect of gold nanoparticles. Analytical Chemistry, 87(20): 10362-10367

Chiu S H, Chung T W, Giridhar R, et al. 2004. Immobilization of β-cyclodextrin in chitosan beads for separation of cholesterol from egg yolk. Food Research International, 37(3): 217-223

Goodman D S, Hulley S B, Clark L T, et al. 1988. Report of the National Cholesterol Education Program Expert Panel on detection, evaluation, and treatment of high blood cholesterol in adults. Archives of Internal Medicine, 148(1): 36-69

Ghosh S K, Pal T. 2007. Interparticle coupling effect on the surface plasmon resonance of gold nanoparticles: from theory to applications. Chemical Reviews, 107(11): 4797-4862

Guo J Q, Liu D F, Filpponen I, et al. 2017. Photoluminescent hybrids of cellulose nanocrystals and carbon quantum dots as cytocompatible probes for *in vitro* bioimaging. Biomacromolecules, 18(7): 2045-2055

Ikonen E. 2008. Cellular cholesterol trafficking and compartmentalization. Nature Reviews Molecular Cell Biology, 9(2): 125-138

Kwak H S, Jung C S, Shim S Y, et al. 2002. Removal of cholesterol from Cheddar cheese by β-cyclodextrin. Journal of Agricultural and Food Chemistry, 50(25): 7293-7298

Lee D K, Ahn J, Kwak H S, et al. 1999. Cholesterol removal from homogenized milk with β-cyclodextrin. Journal of Dairy Science, 82(11): 2327-2330

Lewington S, Whitlock G, Clark R, et al. 2007. Blood cholesterol and vascular mortality by age, sex, and blood pressure: a meta-analysis of individual data from 61 prospective studies with 55000 vascular deaths. Lancet, 370: 1829-1839

Liu T, Dong J X, Liu S G, et al. 2017. Carbon quantum dots prepared with polyethyleneimine as both reducing agent and stabilizer for synthesis of Ag/CQDs composite for Hg^{2+} ions detection. Journal of Hazardous Materials, 322: 430-436

Liu X, Atwater M, Wang J H, et al. 2007. Extinction coefficient of gold nanoparticles with different sizes and different capping ligands. Colloids and Surfaces B: Biointerfaces, 58(1): 3-7

López C A, De Vries A H, Marrink S J, et al. 2011. Molecular mechanism of cyclodextrin mediated cholesterol extraction. PLoS Computational Biology, 7(3): 1-11

Nirala N R, Abraham S, Kumar V, et al. 2015. Colorimetric detection of cholesterol based on highly efficient peroxidase mimetic activity of graphene quantum dots. Sensors & Actuators B: Chemical, 218:42-50

Rao H B, Ge H W, Wang X X, et al. 2017. Colorimetric and fluorometric detection of protamine by using a dual-mode probe consisting of carbon quantum dots and gold nanoparticles. Microchimica Acta, 184(8): 3017-3025

Rodal S K, Skretting G, Garred O, et al. 1999. Extraction of cholesterol with methyl-β-cyclodextrin perturbs formation of clathrin-coated endocytic vesicles. Molecular Biology of the Cell, 10(4): 961-974

Sniderman A, McQueen M, Contois J, et al. 2010. Why is non-high-density lipoprotein cholesterol a better marker of the risk of vascular disease than low-density lipoprotein cholesterol? Journal of Clinical Lipidology, 4(3):152-155

Sun Q, Fang S, Fang Y, et al. 2017. Fluorometric detection of cholesterol based on β-cyclodextrin functionalized carbon quantum dots via competitive host-guest recognition. Talanta, 167: 513-519

Turkevich J, Stevenson P C, Hillier J. 1951. A study of the nucleation and growth processes in the synthesis of colloidal gold. Discussions of the Faraday Society, 11: 55-75

Wang R, Lu K Q, Tang Z R, et al. 2017. Recent progress in carbon quantum dots: synthesis, properties and applications in photocatalysis. Journal of Materials Chemistry A, 5(8): 3717-3734

Wu X L, Song Y, Yan X, et al. 2017. Carbon quantum dots as fluorescence resonance energy transfer sensors for organophosphate pesticides determination. Biosensors and Bioelectronics, 94: 292-297

Zhang N, Liu Y, Tong L, et al. 2008. A novel assembly of Au NPs-β-CDs-FL for the fluorescent probing of cholesterol and its application in blood serum. Analyst, 133(9): 1176-1181

Zhang P Y, Song T, Wang T T, et al. 2017. In-situ synthesis of Cu nanoparticles hybridized with carbon quantum dots as a broad spectrum photocatalyst for improvement of photocatalytic H_2 evolution. Applied Catalysis B: Environmental, 206: 328-335

Zhao Y, Huang Y C, Zhu H, et al. 2016. Three-in-one: sensing, self-assembly, and cascade catalysis of cyclodextrin modified gold nanoparticles. Journal of the American Chemical Society, 138(51): 16645-16654